于明◎著

内 容 提 要

本书内容是作者多年标准化工作的总结。全书围绕标准和标准化知识展开，全面介绍了标准及标准化的起源、概念、产生及应用，以及标准化对企业管理的重要意义等。

本书可供标准化管理部门、组织部门等从事标准化工作的管理及技术人员阅读使用，也可供院校相关专业师生参考。

图书在版编目（CIP）数据

标准化　从头谈起 / 于明著. —北京：中国电力出版社，2020.11（2021. 5 重印）
ISBN 978-7-5198-4966-5

Ⅰ. ①标…　Ⅱ. ①于…　Ⅲ. ①电力工业-标准化管理-文集　Ⅳ. ①TM-65

中国版本图书馆 CIP 数据核字（2020）第 173359 号

出版发行：中国电力出版社
地　　址：北京市东城区北京站西街 19 号（邮政编码 100005）
网　　址：http://www.cepp.sgcc.com.cn
责任编辑：郑艳蓉（63412379）　曹　慧
责任校对：黄　蓓　郝军燕
装帧设计：张俊霞
责任印制：钱兴根

印　　刷：三河市航远印刷有限公司
版　　次：2020 年 11 月第一版
印　　次：2021 年 5 月北京第三次印刷
开　　本：710 毫米×1000 毫米　16 开本
印　　张：11
字　　数：147 千字
定　　价：48.00 元

从本书谈起——权当前言

2020年初春，一场前所未有的瘟疫突然袭来，让人们的生活迫不得已慢了下来。慢下来的生活，让我有了更多的空闲时间可以去做以前想做而又没时间做的事儿，也有了更多的时间去读书和思考。静下心来读书，每每兴之所至，信手翻阅，时间多了，也产生了把自己的所思所感所悟写一写的想法。标准化是我干了多年的工作，于我相对熟悉，所以就萌生了写这本书的初念。恰逢疫情期间，单位采取轮班制、远程办公，禁足的日子，每天可节省出不少通勤时间。于是，准备动笔。

近年来，“标准化”成为一个热门词，标准化专业相关书籍也不胜枚举，理论的、实操的，琳琅满目。这里，我想换个角度谈谈标准化。1859年因发表划时代科学巨著《物种起源》而蜚声世界的英国生物学家、进化论奠基人查尔斯·罗伯特·达尔文曾经说过：“生物进化周期过程中有这样两种相反的力量：随机突变让物种多样化，自然选择则让那些只有能适应环境的物种得以生存。”这一学说被我国清末学者严复概括为“物竞天择、适者生存”。标准化是在人类社会发展过程中自然而然的“选择”活动，或者说是一种不自觉地出现在人类社会活动中的“现象”，是在工业革命和市场经济活动中发展起来的“适者”，也是市场经济活动的重要法则，它不仅生存了下来，而且益发茁壮。其中根源何在，便是我写这本书的初衷。

本书不想写成标准化专业书籍，而是从尽可能广的方面把标准化涉及的内容展现出来，以史为经贯穿，以点为纬延展，将标准化的要领与我们的生活工作关联起来，使读者阅读起来不致枯烦且有所收益，这是我写这本书的追求。

从远古文明开始，人类社会便有了追求统一的意愿，本书内容由此展开。农业革命标准化理念虽未成型，但其基本的思路与今天的做法却是源于一脉；而科技的发展与进步，使标准化有了根基。标准化作为一门学科，真正蓬勃地发展起来则有赖于工业革命，这是我们今天标准化活动的基础。因为标准作为约束性文件，对技术或管理甚至岗位均有所制约，于是便将之与在人类社会中另一类重要的约束性文件——法规做些旁白，或许便于对标准化相关概念的理解。国际贸易发展导致的一致性的必然产生，也是今天国际标准化活动的起因，本书中自然也简谈了一下。标准化是人类有组织有目的的社会活动，一些国际上的重要组织对世界范围内标准化活动的开展起到了重要的推动作用，本书对这些组织也简略地做了介绍。社会化大生产催生出来的标准化活动，始于组织（企业）有序活动的意愿，也终于组织（企业）的有序执行，本书对组织（企业）如何推动标准化工作也做了些粗浅的谈论。以上构成了本书的整体概貌。标准化涉及人类历史演变过程中极其广泛的活动，限于篇幅，本书中的一些内容便或多或少地显得支离和零乱，有些内容也只能点到为止，还望读者谅解。

应当指出的是，标准化的发展过程中，有些概念会随着人们对客观世界认识的深化而发生改变，尽管本书努力采用当前最新的版本和说法，但仍不能排除随着某些理论与概念的更新而落伍，希望读者随时注意有关权威出版物的解释。最后，由于本人知识的局限性，书中不足之处在所难免，敬请广大读者批评指正。本书成稿之时，各位关心我的朋友悉心的指点使本书得以充实和完善，在此表示衷心的感谢！

2020 年 8 月于北京

目　录

第一篇

从 源 头 谈 起

一、从远古谈起

历史作为记载和解释一系列人类活动进程的一门学科，也是对当下时代的映射。历史是一面镜子，不仅让我们看到过往，也让我们了解和珍视今天，思考明天。通过参照这面镜子，我们可以看清事物的来龙去脉，更深地体悟“统一、和谐”是人类社会历久弥新的追求。

据考古学研究的不断新发现，人类形成的时间的说法由 50 万年、70 万年提前到 190 万～200 万年前，而晚期智人的出现是 1 万～5 万年前的事。由于我们赖以生存的这个星球环境的变化，树上觅食日渐困难，类人猿从树上下到地面生活，逐渐有了手脚的分工，学会使用、制造工具，类人猿进化成了古人类。经过上百万年漫长的旧石器时代早期、中期和晚期的进化、演变，人类开始根据生产的需要制作出最早适用于以捕猎和采集为主的各种用具，如两面打击形成的手斧、刮削器、砍砸器等。并且，在大约 50 万年前，人类在生存的过程中又学会了使用自然火。火的使用可以加工食物、取暖以及自我保护，在人类发展史上具有划时代的意义。由此，人类习惯了熟食，从而促进了骨骼、大脑的发育和身体成长，并促进了口腔和发音器官的进化，致使可以产生复杂的声音用于相互间的交流与沟通。

人类从最早期生存的非洲大陆向其他大陆进发和迁徙，视野也更为开阔。在这数达万年漫长的过程中，为了逐渐适应各自所处地域的生存环境与气候，也就此演化出不同的人类种族群，如蒙古利亚人种（黄种人）、高加索人种（白种人）和尼格罗人种（黑种人）等。由于当时生产力水平低下，人类必须采取群居的生活方式，共同收集食物、养育后代，共同抵御其他动物的侵袭和自然灾害。在这种共同生存和协同劳动中，人类建立了最早的社会组织，发明了现代社会中三大基本技术的雏形，分别是：石器打制技术（现代机器制造技术的雏形）、人工取火技术（能源转换技术的雏形）以及有声语言（信息技术的雏形）。这三大技术的发展为文明的起源奠定了基础。

距今约 15 000 年前的旧石器时代向新石器时代过渡时期，随着第四纪冰期的结束，全球气候转暖，欧亚大陆的冰川分离，并被草原取代，非洲大陆由多雨转为干旱，大型动物渐次灭绝，适于森林和草原的小型动物和鸟类增多，人类的狩猎对象随之发生变化。江河湖海地区出现了渔猎经济，由此促进了人类使用的生产工具发生改变，石器更为精致。针对不同生产方式而开发的工具也在此时广泛出现，弓箭的出现极大地提高了人类狩猎的能力，但仅靠狩猎却不能适应人类发展与生存的需要。于是，生产方式大变革不可避免地发生了。这就是新石器时代最具影响力的大事件——农业革命。

农业革命自两河流域的西亚开始，向四周展开，主要局限在北纬 20° ～40° 之间。由于西亚地处亚非欧三大洲交汇枢纽的特殊地理位置，其在古代农耕时代的发展中占有重要地位，一直在古代历史上扮演着重要角色。除西亚外，东亚和中南美洲也是最早的农业生产地，在中国河南裴李岗遗址、河北磁山遗址、浙江河姆渡遗址等地都有考古发现。

农业种植经济的发展由远古时期的采集活动而来，畜类的驯养则从狩猎演变形成，这两种经济发展方式构成了人类农业经济的主要生产方式。农业革命使人类从顺从自然、依附自然的采集狩猎转向利用自然、改造自然的农耕畜牧，从漂泊不定的迁徙生活转向村落定居生活。这种生产生活方式的转变，对后世人类产生了深远影响，物质生产产生了第一次历史性飞跃。农业生产的推广，使得人的增殖、寿命都有了极大的增加和发展，并推动了人类认知世界、改造世界能力的提升，科技进步由此而生。

大约公元前 6000 年，聚居在古埃及尼罗河畔的人们发现一种自然现象：每年尼罗河水定期泛滥和退却，随着河水退去，留下大面积肥沃的土地，是种植农作物最佳的土壤，于是，古埃及人便利用这样的时机进行农业生产。长期的农业劳作，使得他们掌握了尼罗河水涸涝的规律，

即大约每相差 365 天左右，河水便会自然地泛滥或退去，于是“年”这个最早的计时单位出现。年的计时方法以后传入古罗马，古罗马人在此基础上根据对月球盈亏规律的观察，进一步细化一年为 30 天或 31 天大小月交替的 12 个月，这就是儒略历（朱里亚历）。到公元 16 世纪，教皇十三世格里高利以儒略历为基础进行调整优化后，颁布了新的历法——格里历，即在世界广泛使用、沿用至今的公元计年法（公历）。历法就是推算年、月、日，并使其与相关天象对应的方法，是协调历年、历月、历日和回归年、朔望月和太阳日的办法。

分布在世界各地的不同种族或不同信仰的人们根据自己的生产、生活经验，摸索出适于自身的历法方式有多种。例如在美洲大陆，早在公元前 1000 年前就已培育出玉米、番茄、甘薯、南瓜、辣椒、可可、棉花和烟草的玛雅人创制的太阳历，他们将一年分为 18 个月，每月 20 天，剩下最后 5 天为禁忌日，每 4 年加 1 天为一闰，一年总长 365.2420 日，很接近现代科学的预测。伊斯兰教第二任哈里发欧麦尔所创的伊斯兰历法（希吉来历），以阿拉伯太阳年岁首（公元 622 年 7 月 16 日）为希吉来历元年元旦。伊斯兰教历的平年 354 天，闰年 355 天，30 年中有 11 个闰年，其最大的特点是不置闰月等，都是对自然客观世界观测的总结。

生存于黄河流域的汉民族，在长期农耕劳作生产实践中，通过对日月星辰和四季变化的观察，也总结出了以天干地支为计算方法的历法和节气规律，最早确立二十四节气完整称谓和次序的《淮南子》有这样一段话：“四时者，春生夏长、秋收冬藏，出入有时，开阖张歙，不失其序。”二十四节气是文化与科学结合的有机体，并早在公元前 1 世纪（汉武帝时代），就采用平均时间法（平气法）将二十四节气纳入《太初历》作为指导农事的历法补充。所谓二十四节气，就是中国人独特的时间法则（标准），是中国古人通过观察太阳周年运动而将一年划分成 24 个时间段落形成的时间知识体系和应用体系。平气法二十四节气始于冬至、终于大雪，沿用了 1500 年。直至 17 世纪，随着人们观测手段的进步，人们对平气法进行了调整，根据太阳在回归黄道上的位置确定节气的方法，是为定气法即将 360° 圆周划分为 24 等份，每 15° 为一等份，以春分为 0° 起点，排序上则把立春列为首位定气法始于立春、终于大寒，从而更加精准地确定了二十四节气的准确时间，该方法沿用至今。

河南省登封市至今尚存的古观星台遗址，传为周公姬旦在营建东都洛阳时，在此以土圭之法“测日影、求地中，验四时季节变化”的所在。后世历朝历代都有纪念这一活动的遗存，观星台进门的檐柱上刻有清嘉庆十四年（1809 年）时期的一副楹联：“石表寓精心　氤氲南北变寒暑；星台留古制　会合阴阳交雨风”便是后世人们对古人观星象测天文的写照与赞许。所谓土圭之法，就是通过堆垒土丘、树立木杆观察日影变化进行测量的方法，在古代，也是用于土地测绘、建筑施工等最常用的标准方法，杜甫有诗云：“圭臬星经奥，虫篆丹青广”。

约在公元前 4000 年上下，开始出现金属器的冶炼和使用。最先的以冶铜为主的金属器是用以祭祀为主、生产为辅；之后铁器冶炼技术的发展，则开始广泛用于农耕生产，促进了生产发展。在人们长期的实践过程中，金属器的冶炼方式、合金比例等也渐渐固化，形成定式（标准）。金属器的出现和推广应用使得人类的生产方式和生产能力有了极大的提升。与此同时部族、聚落相应产生，由此渐渐形成乡村、城市，以及依靠不同生产方式谋生的劳动者（如农民和手工业者等）、管理者（如宗教从业者和各级官吏）和统治者的分工，原始形态的国家初显。而为了方便社会管理、宗教和政治活动，文字也被古代先民研发出来。

文字是人类漫长历史中最伟大的发明，没有之一。不论早期的结绳记事，抑或后来创造的泥版书、楔形字、象形字、印章铭文、甲骨文、钟鼎文，又抑或线形文字、拼音字。所有的文字从最初到定型都有一个认同、传播、统一的过程，由此人类的历史与知识得以记载和传播。早期文字记录上下、左右、右左甚至无确切方向的书写模式，给阅读带来了困难。如今，世界范围内已基本统一到自左至右的文字书写和阅读方式，极大地方便了人们的使用并已成为习惯，这也算是标准演化的一例。汉字的象形、会意、指事、形声、转注、假借等六种构造条例，是人类

文字发展历程中的最高境界，也是形成汉字的标准。通过文字记录，极大地简化了人们对劳动经验和技能的彼此模仿与传播，使全人类资源共享，也反映了人们对一致性的共同追求，文明的曙光开始随着文字的发明而显现。

考古发现，不论在世界什么地方，只要处在发展的同一阶段，同一地区的人们所使用的工具、武器——如石斧、骨针、箭镞等在形状、锐利程度以至加工方法上都有惊人的相似。用今天标准化的观点看待这一现象，可以认为统一性、一致性是人类社会发展的自然需要。当时这种追求一致的行为，内容简单、形式单一，不形诸文字，还远不是有目的、有组织的社会活动，不能称之为标准化。但其对一致性、互换性的朦胧认识，却具有了标准化的含义。这种情况延续了很长时间，直至国家形态出现，才有了一些本质上的变化。

在上文中无论是最早通过观测日月星辰变化以利于农耕生产所确定的历法与节气，还是为了交流沟通和记录而产生的语言、文字，都是人类为追求统一和谐而在长期的生产实践中形成和发展而来的自然选择，是人类远古时期对标准化的朦胧认识，是标准化的最初雏形，这一认识为人类的演化与发展起着至为重要的作用。

延伸阅读

古代具有标准化意义的史实

二三百万年的人类发生发展史，三五万年的现代人或智人的成长演变史，其绝大部分时期是处于以血缘关系为基础的蒙昧、野蛮时代，以氏族部落社会为基本形式。以地域关系、阶级关系、政治关系为基础的国家的出现，最早不过距今约 5000 年，彼时人类开始进入文明时代。国家先后经历了青铜时期、铁器时期、手工业时期，无论技术水平、生产规模都达到了空前的程度。出于治理国家、发展生产力的目的，追求统一的活动更加自觉，有些活动甚至由政府组织进行，成为国家行为。由于文字已经出现，这些活动大多有文字记载，有的以行政文件的形式，有的以书籍的形式表达并流传了下来。在措施实施方面，行政文件强制实施，书籍则有充分的选择自由度。在我国，这一时期的典型事例就是秦始皇所采取的一些行政措施。公元前221年，秦始皇统一中国，为了军事行动的需要，秦王朝统一了车子两轮的距离，即所谓的“车同轨”，同时还规定了道路的宽度，修筑驰道；为了行政命令能够得以顺利执行，秦王朝在甲骨文、大篆等字体的基础上统一成秦篆（小篆），即所谓的“书同文”；为了繁荣经济、发展贸易、促进生产的需要，统一了度量衡，即规定尺子的长度、升斗容积的大小、砝码（秤砣）的轻重，做到计量统一。此外，为了贸易的发展，还统一了货币；为了战争的需要，统一了兵器的规格。

秦朝的法律《秦律》中也有一些具有今天标准意义的内容。例如，《工律》规定：“为器同物者，其大小、长短、广也必等”，同样的制品尺寸一样，“不同程者，毋同其出”，尺寸不一样就是不合格。《金布律》规定布长八尺，幅面宽二尺五寸，“布恶不如式者不行”。其他还有《田律》《仓律》等法律。在今天看来，这些行政法规包含了大量相当于技术标准的内容，规定了手工业产品、农产品，如粮食、种子及其他产品的生产、检验、保管方法，起着和今天技术标准相同的作用，促进了当时农业、手工业、商业、交通及军事、政治、文化的发展。秦始皇和他的政府因在一致性、互换性方面所做的大量工作，备受后世标准化理论工作者的推崇，以至有人称秦始皇为“标准化的鼻祖”。其实，早于秦始皇，古巴比伦王朝于公元前2050年就颁布过一部《哈穆拉比规范》，对人们生活各方面的行为做出统一规则，尤其是对房屋建筑，制定了详细的条例，以保证建筑物结实耐用。

南北朝时期杰出农学家贾思勰所著《齐民要术》大约成书于北魏末年，是一部综合性农学著作，也是世界农学史上最早的专著之一。书中

以实用为特点的农学类目做出了合理的分类，从开荒、耕种到后期农产品的贮存、加工、酿造、利用甚或烹调全流程的记述，详细、准确而系统地叙述了播种方法、播种量、出苗日数、间苗、定苗标准、中耕、除草、施肥、灌溉、收获、保藏以及牲畜、家禽和鱼类的饲养等，是我国古代种植学、养殖学、林学等方面重要的工具书，为农业生产提供了标准化指导，也为后世，如元代《农桑辑要》《王祯农书》、明代《农政会书》、清代《授时通考》等提供了借鉴与参考。北宋崇宁二年（公元 1103 年），工程专家李诫所编著的一部关于宫室建筑的专著《营造法式》刊行，全书共 36 卷 357 篇 3555 条。该书统一了关于宫室建筑的术语，规范了设计、施工方法，提供了大量的构件、配件样图和典型设计方案，制定了详细的材料定额，甚至还规定了材料的生产工艺和质量要求。该书从内容上看类似今天的技术标准，尤其书中对建立木结构建筑的规格系列、采用模数制方法对木料尺寸分级、采用近似今天优先数原理制定木料断面尺寸系列等，与当今标准写法并无二致。明朝医药学家李时珍（1518～1593 年）编撰的《本草纲目》是我国较早时期的一部药典，于今可说是家喻户晓。《本草纲目》成书于万历六年（公元 1578 年），12 年后方得出版。全书共 52 卷，分为 16 部 60 类，对 1892 种药物予以正名，阐明产地、形态，说明栽培、采集及辨别真伪的方法；对药物的炮制、药性、功用、使用方法都有详细说明。《本草纲目》是关于药物学、植物学、医学的重要著作，对于规范用药具有相当于今天药典（药品标准）的作用，是对世界药学领域的一大重要贡献。

古代还有一些发明、创造不仅应用了统一性、互换性原理，甚至从中还能发现我们今天也在使用的标准化方法。其中，最值得一提的就是北宋布衣毕昇（972～1051 年）发明的“活字印刷术”。随着文化的发展，北宋时期刊行图书已十分盛行。之前流行的印刷方法是摹印、拓印和雕版印刷，即在木板上刻字，每页一版。刻字很费时，对技术的要求也很高，用过的版或存或弃都有弊病。为了提高效率和降低成本，毕昇用胶泥刻字，每字一印，火烧使之硬化成陶印备用。排版时，铁板上预置蜡、松香、纸灰混合成的热熔冷固物，加热铁板使之融化，排上陶印，冷却后即固定成版。遇有稀缺的字，即刻即烧，随时补充。每个陶印的尺寸、功能以及不论何时何地烧制，都具有相同的功用。印刷完毕，再加热铁板，将陶印融下又可再次使用。毕昇所用的方法符合今天标准件、互换性、分解组合重复利用的原理，都是今天标准化使用的基本方法和原则。活版印刷几经变迁，后来发展成铅字印刷，技术设备虽有许多进步，但其基本原理始终未变，使用了大约1000年，及至20世纪80年代，随着个人电脑的出现和普及，才逐渐退出历史的舞台。

公元15世纪，欧洲第一部活字印刷品《戈登堡圣经》在德国问世，这比我国活字印刷的发明与应用晚了400多年。随后，活字印刷术经德国迅速传播到其他国家。活字印刷术客观上促成了欧洲的文艺复兴，使欧洲走出了中世纪的黑暗，也间接地促进了工业革命的到来。而工业化的到来与发展会同市场经济的成长，促使人类走向一个更为开阔的世界，现代意义的标准化活动随之而生。

二、从科学技术谈起

（一）从科学谈起

所谓科学，即分科之学，是指将各种知识通过细化分类（如天文学、社会学等）研究，逐渐形成完整的知识体系；是人类感悟、探索和研究宇宙万物变化规律的知识体系的总称；是一个建立在可检验的和对客观事物的形式、组织等进行预测和探究的有序的知识系统。哲学上有这样一种认识，世界除了物质、能量及其规律外，其他什么也没有。从这个角度讲，科学的本质就是探索物质、能量及其规律的学问，物质、能量和规律是世界构成的本原要素，也是科学研究的主体内容。

世界首先是物质的，早在生物出现之前物质已然存在。科学研究的

对象首先是物质本体核心，如物质态的形式——分子、原子、离子，以及更为细小的质子、中子、电子、夸克等构成物质的基本粒子；其次是为粒子聚合并相互作用以形成物质的本原要素——能量；第三是形成物质及其作用和存在于它们之间的能量的特定规律。在人类早期，人们普遍关注的是自然科学，那是因为人们的心智尚在发展中，对生长于斯的自然界各类现象充满着疑问、困惑与好奇：为什么会有雨雪风雹、电闪雷鸣？为什么会有高山流水、旷野大泽？对自然现象的疑惑，使人类早期产生了对自然的崇拜和宗教，也使自然科学一直以来处于科学研究的前锋。在自然科学应用于社会生产实践之后，社会生产力得以提高，需要有与科学发展相适应的生产关系，而生产关系的发展导致人类社会的分工细化和阶级产生，在此基础上出现并总结出社会科学，现代科学从而产生了不同研究方向的分化。

为了更加细致深入地进行科学研究，人们将现代科学系统地划分为自然科学、社会科学和形式科学三个分支，而每一个分支又可进一步细分，如此层层递进，分解下去，使科学成体系地呈现在人们的视野，学科之间的相互关联与作用展现得更为清晰，学科本体的研究随着认知和科学的发展进一步深入。这三个现代科学的主要分支也由此渐渐成熟：一是以自然现象为研究对象的自然科学，自然科学又包括两个方面的进一步细分，即物理科学和生物（命）科学；其中，物理科学又分为物理学、化学、天文学、地质学等，物理学又可进一步细分为理论物理学、应用物理学等，一步步地细分构成物理科学整体。二是以个人和社会为研究对象的社会科学，其中社会科学又进一步细分为经济学、考古学、心理学、政治学、社会学等。三是以抽象概念为研究对象的形式科学，形式科学再细分为数学、系统科学、逻辑学等。基于经验和观察的自然科学和社会科学统称经验科学，其特征是能够由在相同条件下的其他研究人员检验其有效性。而由于形式科学不依赖经验证据，因此其是否构成一门科学，目前尚有分歧和争议。但是，形式科学在经验科学中所起的重要作用却毋庸置疑。例如，严重依赖数学应用的自然科学包括数学物理学、数学化学，社会科学包括数学生物学、数学金融学和数学经济学等就是例证。此外，在现代科学的分类中，还有将现有科学知识应用于工程和医学等实际目的的学科，即应用科学；通过对植物、动物、矿物质等进行系统化的数据收集，并对其进行自然历史描述和分类而出现的发现科学等。

现代科学的深入发展产生了更为细化的学科分化，使科学研究得更加专业而深入。与此同时，学科的融合兼并也越来越多地呈现出来。在众多的学科分支中，每一个分支都包含其相应专业的自身规律，每一个分支中总会拥有其各自的专业化术语和基础研究的标准化内容，而标准化活动本身也总是伴着科学研究的深入不断地完善和提升，于是标准化和科学便紧密地联系起来。所有科学都是一个客观规律的知识及其运用体系，无论是知识体系本身还是知识的运用体系，都存在一个从小到大、从低到高、从简到繁、由表及里、由浅入深、去伪存真、去芜存精的发展过程，并且这个过程还在发展中，并且会一直发展下去。这也是标准化活动自其发生以来长期存在且“有始无终”的根源所在。

科学具有三个要素，即科学的目的、科学的精神和科学的方法。科学的目的就是通过探索、发现、研究和掌握世界的各种规律，进行刨根问底、溯本追源的过程，让人类更清晰地认知世界，从而利用世界上的各种资源，使人类的生活更为美好。这些规律可以是自然规律（自然科学），也可以是人类（社会）的活动规律（社会科学）。科学的精神可以用“质疑、独立、唯一”六个字进行概括。质疑是对已有的规律和前辈给出的定论提出疑义并追究本源的过程或活动，它是推动科学不断向前发展的动因。爱因斯坦通过质疑牛顿力学原理的本质，提出了相对论，将科学研究引向更为广阔的空间。独立是指研究者与研究目标相互独立地存在，不会因为研究者的不同等因素而影响研究目标（自然）的规律。唯一是指无论哪个研究者去做，其在相同条件下开展的科学研究的结果终归是一致的，并且这结果可以通过科学的方法进行证实或证伪。科学的方法包括逻辑的推理、演绎的计算、试验的验证或者观测的证明等，

科学的方法尤为重视和强调通过科学实验获得的数据及其结果，科学试验奠定了科学的基础。不满足以上三个要素即不能称之为科学。

（二）从技术谈起

作为我国二十四史之一的《史记》，是我国历史上第一部纪传体通史。书中记载了上至上古传说中的黄帝时代，下至汉武帝太初四年间共3000多年的中国历史，洋洋洒洒、蔚为大观。由于《史记》的创作，西汉史学家司马迁得以名垂青史。在《史记》中，有一篇名文——《货殖列传》。此文是专门记叙从事“货殖”活动的杰出人物的类传，也是反映司马迁经济思想和物质观的重要篇章。所谓“货殖”，是指谋求“滋生资货财利”以致富的活动，即利用货物的生产与交换进行工商业活动，从中生财求利。司马迁所指的“货殖”，包括各种手工业以及农、渔、牧、采矿、冶炼等行业的经营。在这篇文章中，首次出现了汉语词汇“技术”一词，意为“技艺方术”。英文的technology（技术）一词则最早出现于17世纪，系由希腊文techne（工艺、技能）和logos（词、讲话）合并构成，在当时仅指各种应用工艺。随着时代的发展，词意扩展为对工艺、技能的总体的概念。20世纪初，technology（技术）一词的含义进一步扩展，覆盖了涉及的工具、机器及其使用方法等，与当今人们对技术一词的领会近似了。

19世纪以后，国际间的交往渐渐密切。1883年，《保护工业产权巴黎公约》诞生，这是第一部旨在使一国国民的智力创造能在他国得到保护的重要国际条约。1886年，随着《保护文学和艺术作品伯尔尼公约》（简称《伯尔尼公约》）的缔结，版权走上了国际舞台。《伯尔尼公约》的宗旨是使其成员国国民的权利能在国际上得到保护，以对其创作作品（著作、绘画、音乐等）的使用进行控制并收取合理的报酬。由上述两个公约而派生出来的国际组织也于1893年开始运作，这便是世界知识产权组织的前身。1967年，联合国在瑞典首都斯德哥尔摩签订了《成立世界知识产权组织公约》，1970年公约生效。根据该公约，联合国设立了世界知识产权组织（World Intellectual Property Organization，WIPO），总部设在日内瓦。我国于 1980 年 6 月 3 日加入了该组织。

世界知识产权组织在 1977 年出版的《供发展中国家使用的许可证贸易手册》中，给技术下了如下定义：

“技术是制造一种产品的系统知识，所采用的一种工艺或提供的一项服务，不论这种知识是否反映在一项发明、一项外形设计、一项实用新型或者一种植物新品种，或者反映在技术情报或技能中，或者反映在专家为设计、安装、开办或维修一个工厂或为管理一个工商业企业或其活动而提供的服务或协助等方面。”

这是至今为止国际上给技术所下的最为全面和完整的定义。用抽象的方法重新对技术下定义，即“技术是为实现公共或个体目标，在某一特定领域有效的理论、研究方法以及解决相关问题的规则的全部。”世界知识产权组织把所有能带来经济效益的科学知识都定义为技术，科学与技术紧密地联系在了一起，也诞生了一个专有词汇——科技。技术通常包含以下四个方面的特征：

● 复杂性，包括三个方面的内容：一是应用简单、生产复杂，如乒乓球、茶壶等；二是应用复杂，需要事先的专业训练和学习才能掌握使用的方法，如汽车驾驶；三是应用复杂且加工生产也很复杂，如电站汽轮机运行检修等。

● 依赖性，指不论在使用还是制造方面，一项技术多依赖其他技术，而其他的技术又依赖着另外的技术的现象。例如，汽车的生产有着广泛且复杂的制造及维护工业进行支撑，如钢铁、玻璃、橡胶生产，零配件、化工（润滑油脂）等，而在应用上，汽车同样也需要有相应复杂的系统进行保障，如道路、加油（充电）站、保养或维修厂和废弃处理厂等。

● 普及性，指现代技术使用的广泛性。简单地说，技术随时随地影响着人们的生活，如电力系统、网络。

● 多样性，指一类相同工具的不同类型和变异发展。例如，人们日常所使用的汤匙和剪刀，从最初最基本的形态已经发展成应用广泛而复

杂的工具，而即使是更为复杂的工具，也通常具有许多的形状和样式，如施工用的挖掘机和轧制设备等。

事实上，从人类早期开始，技术就和宇宙、自然、社会一起构成人类生活的四个环境因素而与人类生存息息相关了。在现今通常的概念里，科学与技术的分别并不总是很明确。一般来讲，科学较多体现在理论和纯研究上，是对自然存在做合理的研究或探索，焦点在于发现客观世界中元素间的永恒关系（原理）；而技术的焦点较多集中在实际应用上，它通过对科学研究成果的利用，系统地建立合乎原理、规则的方法，以帮助人们解决实际问题。谈到技术，与之相关而在标准领域中有直接影响的一个概念——专利也应谈谈。

延伸阅读

从专利谈起

“专利”一词来源于拉丁语 Litterae patentes，意为公开的信件或公共文献，是欧洲中世纪君主用来颁布某种特权的证明，后来专指英国国王亲自签署的独占权利证书。第一个建立专利制度的国家是威尼斯（其时尚是独立的国家，于 1866 年并入意大利王国）。1474 年，威尼斯颁布了第一部具有近代特征的专利法，并于 1476 年 2 月 20 日即批准了第一个史上有记载的专利。英国于 1624 年制定的《垄断法规》标志着现代专利法制化的开始，对以后各国制定专利法产生了重大影响。现代，专利通常是指一项发明创造的首创者所拥有的受保护的独享权利与利益，是由政府机关或者代表若干国家的区域性组织根据申请而颁发的一种文件，这种文件记载了发明创造的内容，并且在一定时期内产生这样一种法律状态，即获得专利的发明创造在一般情况下他人只有经专利权人许可才能予以实施。

1881 年，清廷授予郑观应上海机器织布局的机器工艺 10 年专利，这是我国首次授予专利。1923 年 4 月 5 日，北洋政府农商部对 1912 年颁布实施的《暂行工艺品奖励章程》及《实施细则》进行了重新修订，增加了对发明方法的保护，并对专利的申请、继承、转让、取消、查禁等内容在《实施细则》中予以明文规定。1944 年 5 月 29 日，由中华民国政府公布的《中华民国专利法》是中国第一部专利法典；1947 年 11 月 8 日，又颁布了《专利法实施细则》，并于 1949 年 1 月 1 日开始实施。中华人民共和国成立后，政务院于 1950 年 8 月 11 日颁布了《保障发明权与专利权暂行条例》，同年 10 月 9 日，政务院财政经济委员会颁布了《保障发明权与专利权暂行条例实施细则》，并授予我国著名化学家侯德榜的“侯氏制碱法”发明专利权。为了保护专利权人的合法权益，鼓励发明创造，推动发明创造的应用，提高创新能力，促进科学技术进步和经济社会发展，1984 年 3 月 12 日第六届全国人民代表大会常务委员会第四次会议审议通过了《中华人民共和国专利法》，该法先后于 1992 年、2000 年和 2008 年进行过三次修订与完善。

在我国知识产权中，专利的概念有三重含义：

其一，是专利权（简称专利），指专利权人享有的在一定时期内依法授予专利权人或者其权利继受者独占使用其发明创造的权利。专利权是一种专有权，具有时间性、地域性及排他性。此外，专利权还具有如下法律特征：

- 专利权的发生以公开发明成果为前提；
- 专利权既有人身权，也有财产权；
- 专利权的取得须经国家专利主管部门授予；
- 专利权具有利用性，专利权人应授权或许可使专利得到充分利用。

其二，是指受到专利法保护的发明创造——专利技术，即是受国家认可并在公开的基础上进行法律保护的专有技术，包括技术（方案）和技术秘密。在我国分为发明专利、实用新型专利和外观设计专利三种。

其三，是指国家专利主管部门颁发的确认申请人对其发明创造享有

的专利权的专利证书或指记载发明创造内容的专利文献，指的是具体的物质文件。

专利的两个最基本的特征就是“独占”与“公开”，以“公开”换取“独占”是专利制度最基本的核心，这分别代表了权利与义务的两个方面。“独占”是指法律授予专利权人在一段时间内享有排他性的特有权利；“公开”是指专利申请人作为对法律授予其独占权的回报而将其技术公之于众，使社会公众可以通过正常渠道获得有关专利信息。这也是将专利纳入标准时尤其要注意的问题，标准是共同遵守的规则和约定，专利权人不应一方面让公众遵循专利技术的要求，一方面又不让公众了解技术的秘密，从而进行壁垒或余利。由于专利直接涉及利益，世界各国专利相关的知识、法律和规定也相当多且细致，要求也不甚相同。国家标准 GB/T 1.1—2020《标准化工作导则　第 1 部分：标准化文件的结构和起草规则》在规范性附录 D 中就标准涉及专利的问题进行了简单的约定。在编制标准时专利信息的征集，尚未识别出涉及专利的处置和已经识别出涉及专利时的做法：当制定的标准涉及专利时，标准编制人员应更进一步地了解相关细节要求和具体法律条文或者国际条约的要求为妥。

延伸阅读

电力系统——科学与技术的完美结合

当今电力的普及和广泛应用可谓是科学与技术的完美结合。考古学发现，公元前 2750 年前古埃及就有被称为“尼罗河雷使者”的电鱼的记载。在我国，“电”字的原始写法是上雨下电，其本意是从自然界中雷闪现象产生出来的。公元前 600 年左右，古希腊哲学家泰勒斯做了用毛皮擦拭琥珀吸附羽毛以观察静电的试验。被伽利略称为“经验主义奠基人”的英国人威廉·吉尔伯特在对电与磁现象进行系统性研究后，于1600年撰写了关于电和磁的科学著作《论磁石》。这是一本着重于从实验结果进行论述的具有现代科学精神的书。吉尔伯特在书中指出，不仅只有琥珀是可以通过摩擦产生静电的物质，钻石、蓝宝石、玻璃等也都可以演示出同样的电学性质。吉尔伯特还制成了可以敏锐探测静电电荷的静电验电器，并根据希腊文“琥珀”（elektron）一词创建了一个新的拉丁词汇“electrica”（电体），意为像琥珀一样具有吸引能力的物质。由于吉尔伯特在电学领域的众多贡献，故被后人尊称为“电学之父”。1663年，德国人奥托·冯·格里克根据摩擦生电原理发明了摩擦起电机，这是科学与技术在电学领域的结晶。

1785年，法国科学家查尔斯·库仑通过实验证实了英国人约瑟夫·普利斯特里的猜测：真空中两个静止的点电荷之间的相互作用力同它们的电荷量的乘积成正比，与它们的距离的二次方成反比，作用力的方向在它们的连线上，同性电荷相斥，异性电荷相吸。这就是著名的库仑定律。由此，电的研究已进入精密科学。实际上，库仑定律不仅适用于真空之中，也适用于均匀介质中和静止的点电荷之间。库仑定律是电学发展史上的第一个定量规律，是电磁学和电磁场理论的基本定律之一。

1820年，丹麦物理学家、化学家汉斯·奥斯特突破性地发现载流导线的电流会对指南针的磁针产生作用力而使磁针改变方向，即电流的磁效应。这一发现引起法国人毕奥和萨伐尔的高度关注，毕奥和萨伐尔哥儿俩通力合作，通过长直和弯折载流导线对磁极作用力的实验，得出了作用力与距离和弯折角的关系，电流元对磁极的作用力也应垂直于电流元与磁极构成的平面（横向力），从而精确地描述了载流导线的电流所产生的磁场，并于1820年共同发表了成为电磁学基本定律的毕奥-萨伐尔定律，揭示了电流元产生磁场的规律。

同年，英国科学家法拉第也从汉斯·奥斯特的发现中受到启发，设想假如磁铁固定，线圈就可能会运动。根据这一设想，法拉第于1821年成功地发明了一个装置。在该装置内，只要有电流通过线路，线路就

会绕着一块磁铁不停地转动，世界上第一台电动机就这样被创造出来。随后，经过一番波折和不断的实验与探索，1831 年法拉第终于用实验揭开了电磁感应定律。电磁感应定律是人类进入现代社会最伟大的贡献之一，它奠定了现代电力生产的基础。

1855～1865 年，麦克斯韦在全面地审视了库仑定律、毕奥-萨伐尔定律和法拉第的电磁感应定律的基础上，把数学分析方法带进了电磁学的研究领域，由此诞生了麦克斯韦电磁学理论。麦克斯韦的电磁学理论深深吸引了一个来自德国的年轻人——海因里希·赫兹。他孜孜以求、认真刻苦地研读麦克斯韦关于阐述电磁场理论的巨著《电磁理论》，并开始了捕捉电磁波的试验。通过极其艰苦的探寻，赫兹证明了电磁波的存在以及电磁波与光一样可以发生反射、折射的性质及其传播速度。1888 年 1 月，年轻的赫兹公开发表了自己的理论和实验报告。为了纪念这个年仅 36 岁就离我们而去的科学家对世界科学界的贡献，人们用他的名字“赫兹”作为国际单位制中频率的单位，简称“赫”，一赫兹为每秒钟周期性变动重复的次数。

习惯上，人们称专门从事科学研究的人为科学家。据考证，世界上第一个被冠以科学家名衔的人是 18 世纪英国圣公宗祭司与基督教神学家、博学通才威廉·惠威尔。上文中所提到的在电磁学理论研究和技术创新中做出突出贡献的先辈都是我们应该牢记的科学家，他们的贡献让我们的生活得以享受前所未有的便捷，让我们赖以生存的世界成为一个高度融合的共同体。与他们相伴而行的还有众多的科学家，如意大利物理学家亚历山德罗·朱塞佩·安东尼奥·安纳塔西欧·伏特，法国物理学家、化学家安德烈·玛丽·安培，德国物理学家乔治·西蒙·欧姆，荷兰物理学家、数学家亨德里克·安东·洛伦兹等。在历史的长河中，虽然这些科学家只是一个闪现，但他们所创造的辉煌却照耀着我们的世界，永世长存。

19 世纪早期见证了电磁学快速蓬勃、如火如荼的演进。19 世纪后期，应用电磁学随着电机工程学开始了一段突飞猛进的发展。亚历山大·贝尔发明了电话，托马斯·阿尔瓦·爱迪生设计出优良的白炽灯和直流电力系统，尼古拉·特斯拉发展完成感应电动机和发现交流电及其应用，卡乐·布劳恩成功改良了阴极射线管。由于这些与其他众多发明家所做出的贡献，电的理论研究与实际应用技术完美地结合在了一起，已经成为现代生活的必需工具，更是第二次工业革命的主要动力。

电力领域专业分支众多，涵盖发电、变电、输电、配电、用电相关环节，并大量应用电力电子控制保护等技术，由此派生出不同的电力专业技术领域，即运用三相电力系统的基本特性及发电、输配电的电力系统；运用电能与机械能之间转换原理的装置系统，如交、直流电动机、发电机等所涉及的电机专业；利用电力电子原理所形成的各式电力转换装置，如直流-直流转换器、整流器、逆变器等所涉及的电力电子专业。

电能通常是通过机械-电磁转换模式的发电机生成，依靠燃烧化石燃料或分裂核燃料过程，可以产生热能，然后用蒸汽涡轮发动机将热能转换为动能，驱动这种发电机进行发电；类似地，利用并通过其他种类能源的转换，如利用自然界中的水力、风力发电，利用太阳能发电等。如今，发电机虽然已经不似法拉第早前发明的同极发电机，但其所依据的工作原理仍然是法拉第定律。19 世纪后期变压器的发明，以高电压、低电流的方式增加电力传输效率。这意味着发电功能可以集中于位置较远的发电厂，而大型发电厂更能受益于规模经济，所生产的电力也可以通过电网传输至相当远的地方使用，从而推动和促进了电力系统的快速发展。

由于目前电力尚无法大量储存，在大多数时候，电力企业必须即时生产所有需求，必须对电力需求进行仔细估算，依照估算的结果有计划地安排电力生产。同时，为了给予电力网络足够的弹性来应付偶发状况，如极端恶劣天气、机器故障、燃料短缺等，还必须预留一部分发电能力。

电力是一种很容易传输的能量形式，能够适用于日益增长、不胜枚举的用途。电力工业的应用和发展是人类科学研究与技术推广最好的史实例证，科学与技术在电力工业发展历程中呈现了最为完美的结合，人

们由此对电的依赖远胜于对其他能源的依赖，从1879年上海公共租界工部局在虹口区一座仓库里进行电弧灯照明试验开始，到今天中国发电装机世界第一，电力工业随着科技发展一路走来，成为人们现代生活不可或缺、不可替代的一部分。当今世界已经不可想象没有“电”的生活将会是什么样子。与此相伴出现的，如19世纪60年代发明的无线电通信技术、70年代出现的电灯泡等，在为人们生活带来便捷的同时，同样具有极大的实用价值而影响深远。当科技运用到实际工程或工业生产之中后，人们对科学技术进行分析、归纳、提炼、总结，寻找出其内在规律，对共同使用、重复使用的内容加以约定，用以指导工程和生产实际，依据科技成果制定相应规则（标准）也就顺理成章地产生了。

三、从工业革命谈起

人类从渔猎采集的原始状态转型农耕生活，历经了数万年的时间。农业革命以后，农耕成为人类社会的主流。由于农业生产必须长时间在同一地区进行劳作，因此人们从游走的不定生活转为定居生活。在同一区域，共同遵守相同的世俗文化，有着共同的宗教信仰和习俗，共同生活和生产，形成城市与乡村。虽然在世界的不同地域，仍有逐水草而生的民族存在，但那毕竟已经不是人类生存的主流方式，即便凶猛如席卷欧亚大陆的蒙古旋风，在历史的长河中也只是昙花一现。千百年来，如果人类没有追求新奇的爱好和探索未知的兴趣，或许日日耕作，观云落雨、看风吹浪，春耕夏耘、秋收冬藏，年复一年日子也许会过得平凡惬意。然而，人类偏偏不是一种随遇而安的动物，总有人在平凡中思想出一些“不着调”，于是，到了18世纪中叶，第一次工业革命不可避免地发生了。

人类生活的四项基本需求“衣、食、住、行”，第一个便是衣，第一次工业革命便从纺织业发端。1733年，钟表匠约翰·凯伊发明了“飞梭”，大大提高了手工织布的速度。1765 年，詹姆士·哈格里夫斯发明出“珍妮纺织机”，纺织业从手工时代走向机织时代。进行技术革新的连锁反应极大提高了纺织业的生产能力，而从棉纺织业中使用的螺机、水力纺织机等机器也扩展到采矿、冶炼等其他工业生产领域，由此揭开了第一次工业革命的序幕。1771 年，发明了水力纺织机的理查德·阿克莱特创办了自己的纺织工厂，并在自己的工厂里提出了一套完整独创的管理制度，将工人们组织起来进行生产，为近现代企业管理奠定了初步的模型。理查德·阿克莱特因此也被后人称为“现代工厂体制的创立人”。英国陶瓷之父乔赛亚·韦奇伍德在其陶瓷生产厂中进行了专业化分工合作的生产模式改革，极大地提高了产品质量和生产效率，其作品被定为英国皇室和沙俄皇室的“御用陶器”。

大机器生产时代的到来，原有的以畜力、水力和风力为动力的能源形式便已无法满足生产的需要。1785 年，由英国人詹姆斯·瓦特改良定型的蒸汽机投入工业应用，并得到迅速推广，推动了大机器生产的普及和发展，人类社会由此进入“蒸汽时代”，第一次工业革命也从此揭开人类历史辉煌的一页。到 1840 年前后，英国的大机器生产基本上取代了传统的工厂手工业，英国成为世界上第一个工业国家，第一次工业革命基本完成。18 世纪末，工业革命的成果逐渐从英国向欧洲大陆、北美和世界其他地区传播，成为世界的改革潮流。第一次工业革命不仅是技术的革命，它所带来的管理理念上的变革影响着整个世界，使得原有的社会结构、阶层关系乃至国际格局都发生了彻底的改变，资产阶级初步形成，社会主义学说登上了历史舞台，可以说是人类历史上一场彻底的、极具颠覆性的大变革。

随着科学技术的发展、能源应用的变革，19 世纪 60 年代开始的第二次工业革命将人类带入了“电气时代”，也促进了世界殖民体系的形成，使得资本主义世界体系得以最终确立，“日不落”帝国诞生，世界逐渐成为一个整体。在第二次工业革命的推动下，资本主义经济开始发生重大变化，生产社会化的趋势加强。社会化大合作的生产方式促进了

标准化的应用和推广，从标准化实践中开始寻求理论依据，而科学技术的发展也得到空前提高，少数采用新技术的企业挤垮大量技术落后的企业现象时有发生。新兴工业，如电力、化工、石油和汽车制造等，均以实行大规模的集中生产为其主要方式，垄断组织在这些领域中应运而生。垄断组织的出现，使企业规模进一步扩大，劳动生产率进一步提高，社会化合作进一步加强。科技与工业化相辅相成、相互作用、相互促进。以水力、风力，尤其是以蒸汽（热能）、电力为动力的机械的出现和大量使用，促使社会生产力得到空前的提高，市场经济迅速发展。殖民地的出现，推动了世界范围的交流融合。资本家出于增加利润、降低成本、提高劳动生产率的目的，开始注意研究和改进组织机械化大生产的方法。标准化的概念和理论开始形成，并得到迅速发展，应用于生产实际。特别是在工业生产技术领域，以生产的各个环节为对象，在追求统一性、互换性和简化生产、操作程序及产品、零部件规格方面，制定大量技术标准，有力地推动了生产水平的提高。标准化理论研究和在企业管理与工人作业方面也开始进行探索，为标准化理论的形成和发展奠定了重要基础。

两次工业革命对人类社会的经济、政治、文化、军事、科技和生产力均产生了深远而重要的影响，世界从此走向近现代化。第一次工业大革命间接导致了法国启蒙运动的兴起，人类历史从此开启了在思想、知识及讯息上的理性思索。天赋人权、君主立宪、三权分立、主权在民等思想应运而生，并日益深入人心。控制垄断组织的大资本家为了攫取更多的利润，越来越多地干预国家的经济、政治生活，资本主义国家逐渐成为垄断组织利益的代表者。而彼时形成的国际垄断集团也开始从经济上瓜分世界，促使各资本主义国家加紧了对外侵略扩张的步伐，第一、第二次世界大战由此爆发。战争的结果直接导致民族独立与解放运动，当今世界的格局由此形成。

延伸阅读

工业革命促使标准化从实践到理论形成

15 世纪上半叶，葡萄牙人的航海大发现震惊了欧洲和世界，导致大航海时代的到来。西班牙、荷兰、英国等欧洲各国追随着奔赴海外谋取更大利益，新大陆的发现和掠夺与殖民由此同时发生。海上航行者急需精确的经纬度坐标和时间指示。于是，17 世纪后半叶，英国皇家决定在伦敦郊外的格林尼治建立一个天文台，用于天文测量和时间比对。1851 年设立的经线基础——本初子午线在 1884 年的国际会议上得到认可。1859 年 4 月，伦敦泰晤士河畔矗立起一个高达 95 米的标志性建筑——伊丽莎白塔。该塔的钟楼高达 95 米，其上被称为“大本钟”的威斯敏斯特表计第一次将世界计时进行了统一。“标准时”的出现使人们在时间概念上摒弃了日出而作、日落而息的传统计时和生活方式，从此有了统一的计时标准，使人类生活进入一个“大同”的时代，同时也标志着一个新的技术领域——时间“标准”走进了人类的生活，并在不知不觉中开始对人类产生巨大的影响。

在近代工业生产中，应用标准化原理（互换性）组织生产的代表首推 18 世纪的美国人伊莱·惠特尼。当时美国独立不久，出于应对战争的需要，美国政府与惠特尼签订了一份供应来复枪的合同。在预计按传统方法无法完成合同任务后，惠特尼经过认真思考，选了一支造得最好的枪拆开来，用零件做模型，然后对工人进行分工，做枪栓的只做枪栓，做撞针的只做撞针，组装的只负责组装……。专业化生产保证了零件的互换性，极大地提高了工作效率，按时完成了合同。惠特尼同时还建立了成本会计制度、实行质量控制、提出管理幅度原则等，在技术上的发明和管理上的创新，使其成为美国人心目中的“现代工业标准化之父”，

1900 年其入选美国名人纪念馆。

19 世纪后期，工业生产规模的不断扩大、资本主义生产力的快速发展，导致传统的经验管理严重滞后，阻碍了企业的生产经营，迫切需要用科学的管理来替代传统的经验管理。19 世纪末，法国工兵上校查尔斯·雷诺为了对热气球上使用的绳索规格进行简化，用优先数原理把当时热气球上 425 种绳索的规格简化为 17 种，简化后形成尺寸规格系列。后来这种方法发展成简化产品规格的重要举措，并形成了国际上统一的数值分级制度，制定成国际标准予以发布，国际标准为 ISO 3、ISO 17 和 ISO 497，我国的标准为 GB/T 321《优先数和优先数系》。为了纪念雷诺，人们把优先数系也称作雷诺数系。

1902 年，英国纽瓦尔公司编辑出版了纽瓦尔标准——“极限表”，实现了零件加工装配的可互换性。这是最早的公差制，成为 1906 年英国颁布的国家公差标准 BS27 的基础，从此开创了零件标准化和可严格控制加工质量的、机器化大生产的时代。

工人出身的弗雷德里克·温斯洛·泰勒在长期从事企业管理的研究、实践与试验的基础上，以一位优秀操作工为对象，把操作过程分解成动作，分析记录每一个动作的必要性、动作构成和所用的时间，甚至还对工件工具摆放的位置进行研究，之后制定操作标准，让其他工人遵照执行，达到了“一项工作只有一个最好的（标准的）方法、一种最好的（标准的）工具和在一个明确的（标准的）时间里完成”的目的。此后，泰勒又发展了他的思想，加入了工具设备标准化、技术培训、奖惩制度以及管理人员和工人相结合等内容，形成了一套系统的管理方法，类似今天我们的管理标准、工作（岗位）标准。他先后发表了《计件工资制度》（1895 年）、《工厂管理》（1903 年）和《科学管理原理》（1911 年）等著作，将标准化的方法应用到制定“标准时间”和“作业研究”，开创了工业生产科学管理的新时代。

泰勒提出的几条运用标准化的科学管理原理至今仍有重要的指导意义，包括：

● 在时间和动作研究的基础上，制定出最佳操作方法和工作定额；

● 要求工人采用标准化的操作方法，并把工人使用的工具、机器、材料等都进行标准化，以实现或超过工作定额，提高劳动生产率；

● 实行与劳动量相联系的工资制度，实现计件工资定额，以鼓励工人完成或超额完成定额。

泰勒的《科学管理原理》一书一度成为西方企业管理的经典之作。将作业过程实行科学分解，选择优化最佳的操作程序、方法、动作、工具，制定以标准定额为核心的作业标准体系，广泛地被企业所接受和引进。改革开放初期我国大多数企业奉为经典的丰田经验，即是其应用的延展。实际上，这是在企业生产管理方面制定和实施包括生产程序标准、操作方法标准、劳动定额标准、工资标准等在内的一系列生产管理标准。标准化也从泰勒开始进入科学管理领域。

亨利·福特是一位工程师出身的企业家，他是较早跳出生产的个别环节，注重在生产全过程中采用标准化方法的企业管理者。1913 年，他按标准化、通用化、系列化方法主持设计的汽车开始大批量生产。具体方法包括减少产品规格；按标准生产零部件，提高互换性；操作专门化，提高工人的技术熟练程度；对工厂、机具按专业化管理，提高设备精度，采用流水作业的方法组织生产等。福特公司生产效率由此大幅度提高，从过去每生产一辆汽车用时 12 小时 20 分钟缩短至 14 分钟，生产成本也因此显著下降。福特汽车在激烈的市场竞争中独领潮头，由此走进千家万户，风靡一时。

1934 年，美国人约翰·盖拉德出版《工业标准化　原理与应用》一书。该书系统论述了有关标准化的多方面理论问题，并载有许多实际事例，对标准化知识的传播、对当时和其后世界标准化活动的开展以及相关理论研究都有重要的作用。盖拉德还是最早给标准化下定义的人之一。这一时期许多关于企业管理的著述里都能看到标准化的内容，如《工业管理法则》。该书提出了工业企业管理中关于标准化的四项原则，即工序划分的专门化、人员分工的专门化、设备工具的专门化、简化规格

的产品专门化。

工业革命推动了资产阶级的形成与欧洲政体的变革，民主共和政体成为现实，劳工神圣、男女平等思想和认知渐渐扎根于民心。无论国家体制和国家形式如何变化，契约和法制的精神作为一种文化传统贯穿始终，也是欧洲工业革命后标准化得以迅速被认知的一个重要原因。

四、从市场经济谈起

在认识到标准化的作用和意义之后，人们开展标准化活动的自觉性、积极性空前高涨：一方面，利用数学、科技的成果为工具进行标准化研究，把标准化从经验的层面提高到理论的高度，成为企业管理科学的一部分，许多研究成果成为标准化的理论基础；另一方面，组织起来，参与、宣传、普及、推动标准化活动，一时间涌现出许多标准化组织。

前面提到，语言的出现使人类的沟通交流得以实现。事实上，长距离迅捷的信息交流一直是人类追求的目标。我国早在 3000 多年前的商代，远距离信息传递就已有记载。乘马传递曰“驿”，驿传是早期有组织的通信方式，后又兼有物流的功能，沿用数千年。汉朝每 30 里置驿，唐朝时分设陆驿、水驿及水陆兼办三种形式，1600 余驿站遍布全国，构成了一个庞大的信息交流和交通网络。杜牧《过华清宫》一诗中“长安回望绣成堆，山顶千门次第开，一骑红尘妃子笑，无人知是荔枝来”便是描写传驿的名篇。笔者曾在土耳其去过一个建于赛尔柱时期（公元 1037～1194 年）的古驿站——苏丹大驿站，是古丝绸之路上跨越了千年的历史遗存，至今保存完好。驿站范围之广可见一斑，由此也引发了对古人传驿的兴趣。宋人沈括《梦溪笔谈》中曾有这样的记载：“驿传旧有步、马、急递三等，急递最遽，日行四百里，唯军兴用之。”元朝时更是强化了驿站制度，时称站赤。到了明朝，驿站从传递信息之所演变为物流、旅舍等功能。崇祯年间因节裁驿站，导致出时任驿长的李自成失业后的农民起义和明朝的灭亡，也算是一段由驿站（信息通讯）演绎出来的历史。清朝全国设驿站近 1800 处，从北京向北出八达岭到河北省怀来县境内有一个始建于明代的鸡鸣驿。这是我国众多驿站中的一个历史遗存，因 1900 年八国联军侵入北京时，慈禧太后携光绪皇帝西巡，曾在此驻跸而名声远播，现已成为一个旅游景点。在我国，还有一种信息传递的方式，即烽火狼烟，是为抵抗外敌入侵而快速传递消息的设置，传说中的周幽王烽火戏诸侯的故事可谓家喻户晓。这都是古人远距离快速传递信息的方法和历史故事。

信息通信技术发展到 18 世纪，继法国物理学家、化学家安培发现电流并广泛应用电流之后，1793 年，法国人查佩兄弟俩在巴黎和里尔之间架设了一条 230 千米长的接力方式传送信息托架式线路。这条线路是由 16 个信号塔（类似今天的通信基站）组成的通信系统，信号机通过不同角度表示相应信息，逐级传递，从而使得远距离快速信息传递真正得以实现。1796 年，英国人休斯提出用话筒接力传送语言信息的方法，并把这一方法命名为 Telephone（电话）。1837 年，美国人莫尔斯利用电流传输产生电磁信号、进行通断电流改变电磁信号的方法，设计出了著名的莫尔斯电码。1844 年，莫尔斯从华盛顿向巴尔的摩发出了人类历史上第一份电报，电报的内容是“上帝创造了何等奇迹”，这是发自心底的由衷的感叹。莫尔斯电码在海事通信中作为国际标准一直沿用到 1999 年。由于信息通信的重要性及其应用的广泛性，1865 年，一个国际上的重要标准化组织——国际电报联盟应运而生。

延伸阅读

巴尔的摩是美国马里兰州最大的城市，位于切萨皮克湾顶端西侧，距美国首都华盛顿仅 60 多千米。1814 年第二次美英战争期间，英军在火烧华盛顿之后分兵海陆两路向巴尔的摩进攻。同年 9 月 12 日，英国军队与美国民兵在巴尔的摩西南的北角发生激烈交战，英国海军对守卫

巴尔的摩内港的麦克亨利堡进行了通宵炮击，但麦克亨利堡的星条旗却始终高高飘扬。一个名叫弗朗西斯·斯科特·基的美国律师目睹了这一切，心潮澎湃，随手在一个封信的背后写下了几行诗，而后将诗稿交给其好友尼科尔森法官。尼克尔森读罢大加赞赏，并建议配上英国作曲家约翰·斯塔福德·史密斯所作的曲子进行传唱。这首歌曲迅速风靡了全美国，鼓舞美国人民战胜了英国殖民侵略者。1931 年，美国国会正式将这首名为《星光灿烂的旗帜》的歌曲定为美国国歌。另一个发生在巴尔的摩市、后来影响美国乃至世界的事件是 1904 年 2 月 7 日巴尔的摩市大火。当日，该市一个布匹仓库发生了一场火灾，火势借着海风迅速向全市蔓延。蔓延起来的大火使巴尔的摩市的消防力量明显不足，于是，他们向哥伦比亚特区、费城、纽约等地的消防队紧急救援。迅速赶来的消防队员到达现场后，尴尬地发现他们的消防水龙接头因与巴尔的摩市的消防栓接口不一致而无法对接，只得面对大火却无能为力。大火燃烧了 30 多个小时后终于熄灭，整个城市几乎被烧毁，人们流离失所，震惊了全美。该事件发生后，全美标准普查和美国国家标准与技术研究院（NIST，其前身为成立于 1901 年的美国国家标准局）因此诞生。这在世界标准化发展史上也是重要的一刻。

1865 年 5 月 17 日，法国、德国、俄罗斯等 20 个国家为了顺利实现国际间的电报通信，在巴黎召开会议并做出成立一个国际组织的决定，这个组织定名为“国际电报联盟”。为了适应电信发展的需要，国际电报联盟成立后，相继产生了三个咨询委员会，分别是 1924 年在巴黎成立的国际电话咨询委员会，1926 年成立的国际电报咨询委员会和 1927 年在华盛顿成立的国际无线电咨询委员会。随着通信技术的发展和普及，这一组织迅速扩大。1932 年，70 个国家的代表在西班牙马德里召开会议，决议把“国际电报联盟”改为“国际电信联盟”（International Telecommunication Union），简称“ITU”或“国际电联”。国际电信联盟因其技术领域的特殊性，1947 年在美国大西洋城召开国际电信联盟会议，经联合国同意并入联合国，成为联合国的一个专门机构，也是联合国机构中历史最为悠久的一个国际组织，总部由瑞士伯尔尼迁至日内瓦。同时，为加强无线通信的管理，还成立了国际频率登记委员会（International Frequency Registration Board，IFRB）。1956 年，国际电话咨询委员会和国际电报咨询委员会合并成为“国际电报电话咨询委员会”（Consultative Committee of International Telegraph and Telephone），简称 CCITT。1972 年 12 月，国际电信联盟在日内瓦召开全体代表大会，通过了联盟的改革方案。国际电信联盟的实质性工作由三大部门承担，分别是国际电信联盟标准化部门（ITU-T）、国际电信联盟无线电通信部门和国际电信联盟电信发展部门。其中，电信标准化部门由原来的国际电报电话咨询委员会（CCITT）和国际无线电咨询委员会（CCIR）的标准化工作部门合并而成，主要职责是完成国际电信联盟有关电信标准化的目标、使全世界的电信领域标准化。

我国早在 1920 年便加入了国际电报联盟，1932 年派代表参加了马德里国际电信联盟全体代表大会，1947 年在美国大西洋城召开的全权代表大会上被选为行政理事会的理事国和国际频率登记委员会委员。中华人民共和国成立后，我国的合法席位曾一度被非法剥夺。1972 年 5 月 30 日，在国际电信联盟第 27 届行政理事会上，正式恢复了我国在国际电信联盟的合法权利和席位，随后，我国积极参加国际电信联盟的各项活动。2015 年，我国专家赵厚麟当选为国际电信联盟秘书长，一直持续至 2019 年。

众所周知，计量规则的统一在国际贸易中的作用至关重要。度量衡的发展大约始于原始社会末期。传说黄帝“设五量”“少昊同度量，调律吕”。上古时期，度量衡单位都是以人身体的某个部分或某种动作为命名依据的，如“布手知尺，布指知寸”“一手之盛谓之溢，两手谓之掬”。在我国，距今 5000 年前的大地湾仰韶晚期房 F901 中出土的一组陶质量具，是迄今为止我国发现最早的量器。大约自夏朝起，就以成年男子拇指与中指张开的末端距离作为一尺，这样定义出来的一尺是因人而异的。在那个时代，全世界范围的单位确定由于科学知识的不足，都

存在因人而异的弊病，只有在一些重要工程中才会制作标尺准绳来控制误差。公元前 221 年，秦始皇统一中国后的一大贡献就是在全国范围内统一了度量衡，秦始皇颁布的诏书统一了币制、地亩制、车轨制等各种订制，为国家经济发展奠定了基础。汉代政治经济制度沿袭秦制，西汉末年刘歆将秦汉度量衡制度整理成文收入《汉书·律历志》，成为最早的规范化度量衡专著。而精通建造巨型奇观的古埃及人早在 3000 多年前已经制作了已知最早的长度标准物，只不过其长度的选取也是从法老小臂拐肘处到中指末端的距离，称作腕尺，显得有些任性和随意。

英国到了中世纪末期还没有一个准确的长度标准。最常用的长度单位英寸被定义为成人一个拇指的宽度，英尺是人脚的长度，一码是指尖到鼻尖的距离等，这种随意直到 1324 年才在爱德华二世的坚持下重新进行了定义和修订。18 世纪末，法国已经经历了启蒙运动理性主义思潮的洗涤，对科学的认知和探索开始深入人心。在这一背景下，法国科学院建议重新定义常用的基本量和单位：将通过巴黎的子午线四分弧长的一千万分之一定义为长度的基本单位“米”。可是说来轻巧，实际测量却并不容易。法国人花了整整 7 年的时间才准确量出那条子午线的弧长，随后用铂制作了一根标准米尺——米原器，是为标准参照物。基本长度单位“米”诞生后，很多单位也以它为基础重新定义了标准，如以十进制为基础导出的长度单位“厘米”“分米”“千米”……，以长度单位定义出的质量单位——一立方分米（一升）的纯净水在 4℃时的质量为千克等。这种计量方法后来演变为世界通用的国际单位制（SI）。

为了在国际贸易和海外殖民中找到统一的计量方法，1875 年 3 月 1 日，法国牵头发起召开 20 国参加的米制外交会议。同年 5 月 20 日会议达成协议，共 17 个国家的代表签署了《米制公约》，并根据该公约成立了国际计量局。为了纪念这个日子和推广国际统一的计量方法，5 月 20 日被确定为世界计量日。

《米制公约》主要研究统一国际计量单位，确保国际度量衡标准在全球的一致性。该公约为工业、贸易、科学、工程、通信、医疗以及现代社会所有活动的测量提供了一个全球性的共同基础，推动了计量领域的国际标准化。国际计量局成立之初，仅涉及质量和长度单位。1921年第6届国际计量大会上，对其工作范围进行了修订，将计量工作的任务内容进行了扩展，包括长度单位米（m）、时间单位秒（s）、质量单位千克（kg）、电流单位安培（A）、热力学温度单位开尔文（K）、发光强度单位坎德拉（cd）和物质的量的单位摩尔（mol）七个方面的物理量测量。1960年，第11届国际计量大会通过了国际通用的“国际单位制（SI）”。我国于1976年12月正式加入该组织。1979年，我国计量领域专家王大珩教授当选为国际计量委员会委员。

我国的法定计量单位采用国际单位制，包括：

● 国际单位制的基本单位：上文中七个方面的物理量。

● 国际单位制辅助单位：弧度和球面角。

● 国际单位制中具有专门名称的导出单位：由基本量根据有关公式推导出来的其他量，导出量的单位叫作导出单位；如速度的单位是由长度和时间单位组成的，用“m/s”表示。

● 可与国际单位制单位并用的中国法定计量单位（共11个）：

1）时间：分（min）、（小）时（h）、天（日）（d）。

2）平面角：（角）秒（″）、（角）分（″）、度（°）。

3）旋转速度：转每分（r/min）。

4）长度（仅用于航海）：海里（n mile）。

5）速度（仅用于航海）：节（kn）。

6）质量：吨（t）、原子质量单位（u）。

7）能：电子伏（eV）。

8）体积：升（L）。

9）级差：分贝（dB）。

10）线密度：特（克斯）（tex）。

11）土地面积：公顷（hm）。

● 由以上单位构成的组合形式的单位：由其他量的单位组合而成的

单位，如压强的单位（Pa）可以用力的单位（N）和面积的单位（m^2）组成，即 N/m^2。

● 由词头和以上单位构成的十进倍数和分数单位，如千米（km）、千安（kA）等。

随着科学技术及其应用的发展，如今，计量工作已从原始的度量衡走向几何量、热工、力学、电磁、无线电、声学、光学、化学、电离辐射等专业领域，广泛应用在国民经济建设的各个领域。保持量值统一准确可靠的传递与溯源是计量工作的核心，也是国家重要的基础性工作之一，更是标准化领域中的一个极为重要的研究方向。计量与标准化工作的结合，为我们更加深入准确地探索客观世界的奥秘，为未来人类社会的发展与和谐提供了更为精准的观察与测定方法和手段。我国电力行业比较早成立的电力行业电测量标准化技术委员会便承担着电能计量方面的标准研究编制任务，准确的计量在贸易活动中可以减少摩擦和冲突，保护各相关方利益。

然而，时至今日，因为各种原因在全球范围内的计量方法并未得到完全统一，例如以英制为标准的计量方法仍然在国际上沿用。一个明显的例子是，在香港特别行政区，过马路时一定要先看右后看左。再如在美国，同是作为质量单位的盎司还分有常衡盎司、金衡盎司、药衡盎司等多种，而其标准均不相同，所以，在美国一盎司棉花或大米与一盎司纯金不一样重。

1897 年，英国钢铁商人斯开尔顿在泰晤士报上发表公开信，反映英国的一些桥梁设计师设计的钢梁和型材尺寸规格过于繁多，使钢铁厂在生产过程中不得不频繁更换轧制设备，提高了成本。他呼吁钢梁的生产规格和图纸应系列化、标准化，以便于设计、生产和应用。1900 年，斯开尔顿又将一份主张实行标准化的报告交给英国铁业联合会，从而促成全世界第一个国家标准化机构——英国工程标准委员会于 1901 年诞生。1929 年，英国工程标准委员会被授予皇家宪章，代表英国皇室和政府致力于标准的研究和管理工作。该委员会于 1931 年颁布补充宪章更名为英国标准学会（British Standards Institution，BSI）。由于当时英国在全世界范围的重要影响力，一些英联邦国家和地区也纷纷设立了相当于分支机构的地方委员会。而非英联邦国家也纷纷效仿英国的做法，成立了国家标准化机构。

第一次世界大战结束后，世界格局发生了重大变化，老牌的英帝国走向衰落，而新兴的美国投世界大战之机，开始走向世界舞台的中央。1926 年，美国、英国、加拿大等七国标准化机构第三次代表联席会议召开。该会议决定成立国家标准化协会（ISA）。ISA 于 1928 年正式成立并开始工作。但成立之后不久，由于世界局势的变化和第二次世界大战的爆发，迫使 ISA 的工作不得不停止。直至第二次世界大战结束，国际经济的发展和贸易需求量陡增，为各国工业生产的恢复创造了条件，国际社会迫切需要一个统一的标准化组织协调各国商品的一致性。于是，1946 年 10 月 14～26 日，来自包括我国在内的 25 个国家标准化机构的领导人及其代表齐聚于伦敦，研究讨论成立国际标准化组织的问题，并最终形成决议，将这个新组织定名为 International Organization for Standardization，简称 ISO。会议还一致通过了 ISO 章程和议事规则。ISO 于 1947 年 2 月 23 日正式开始运行。我国既是 ISO 的发起国，又是首批成员国。

国际标准化组织（ISO）是一个由国家标准化机构组成的世界范围的标准化工作联合组织。根据 ISO 组织章程，每个国家只能有一个最有代表性的标准化团体为其成员。该组织的宗旨是：在世界范围内促进标准化工作的开展，以利于国际物资交流和互助，并扩大知识、科学、技术和经济方面的合作。其主要任务是：制定国际标准，协调世界范围内的标准化工作，与其他国际性组织合作研究有关标准化问题。ISO 的组织机构分为非常设机构和常设机构。其最高权力机构为全体大会（General Assembly），是 ISO 的非常设机构。1994 年之前，全体大会每 3 年召开一次。全体大会召开时，所有 ISO 团体成员、通信成员、与 ISO 有联络关系的国际组织均派代表与会，每个成员有 3 个正式代表的席位，

多于 3 位的代表以观察员的身份与会。大会的主要议程包括年度报告中涉及的有关项目的行动情况、ISO 的战略计划及财政情况等。ISO 中央秘书处承担全体大会、全体大会设立政策制定委员会、理事会、技术管理局和通用标准化原理委员会秘书处的工作。自 1994 年开始，根据 ISO 新的章程，全体大会改为每年一次。ISO 的技术活动是制定并出版国际标准。其工作领域涉及除电工标准以外的各个技术领域的标准化活动。20 世纪 90 年代以后，ISO 与国际电工委员会（IEC）和国际电信联盟（ITU）加强合作、相互协调，三大组织联合形成了全世界范围标准化工作的主导核心。ISO 与 IEC 共同制定了《ISO/IEC 技术工作导则》。该导则规定了从机构设置到人员任命以及各人职责的一系列细节，把 ISO 的技术工作从国际一级到国家（Member Body）、再到技术委员会（Technical Committee，简称 TC）、分委员会（Sub-Committee，简称 SC），最后到工作组（Working Group，简称 WG）连成一个有机的整体，从而保证了这个庞大国际化机构的有效运转。据统计，在正常情况下，平均每个工作日有 15 个 ISO 会议在世界各地召开。ISO 的工作引起了各个国际组织的兴趣，众多国际组织纷纷与 ISO 的技术委员会和分委员会建立并保持联络关系。2015 年，我国专家张晓刚当选 ISO 主席，直至 2017 年。张晓刚的当选打破了 ISO 长期以来一直由欧美人当选主席的传统，也标志着我国随着改革开放的经济崛起，从边缘走向世界中央。

当今世界另一个重要而又有着广泛影响力的国际标准化组织是国际电工委员会（International Electrotechnical Commission，IEC）。该组织的起源是 1904 年在美国圣路易斯召开的一次国际电气大会上通过的一项决议。根据这项决议，1906 年成立了国际电工委员会。其宗旨是通过其成员，促进电气化、电子工程相关技术领域的标准化和有关方面的国际合作。IEC 的成员分为两类：一类是正式成员。一个国家只有一个机构以国家委员会的名义被接纳为 IEC 成员，参加 IEC 活动，享有投票权。如要成为 IEC 成员，该委员会必须声明向本国所有有兴趣参加 IEC 活动的政府或非政府机构开放。另一类成员是协作成员。协作成员只参加部分活动。他们可以观察员的身份参加所有IEC会议，但不享有投票权。IEC的最高权力机关是理事会，每一个成员国都是理事会成员，理事会会议每年一次，IEC年会是每年一度的综合性大会，轮流在各个成员国召开。年会期间，还召开各种技术委员会（TC）会议。根据IEC的章程，IEC的任务覆盖电子、电磁、电工、电气、电信、能源生产和分配等所有电工技术的标准化。此外，在上述领域中的一些通用基础工作方面，IEC也制定了相应的国际标准，如术语和图形符号、测量和性能、可靠性、设计开发、安全和环境等。IEC开展上述工作目的是：有效地满足全球市场的需求；保证在世界范围内最大限度地使用IEC标准和IEC合格评定计划；对其标准涉及的产品和服务质量进行评定；为复杂系统的可操作性提供条件；提高生产过程中的效率；改进人类的健康安全；促进环境保护。IEC与国际标准化委员会（ISO）有着密切的联系。1947年ISO成立时，IEC曾一度并入其中，作为其电工部门，总部也由伦敦迁至日内瓦。两个组织都是制定国际标准的机构，使用共同的技术工作导则，遵循共同工作程序。在信息技术方面，ISO与IEC成立了联合技术委员会（ISO/IEC/JTC1），负责制定信息技术领域中的际标准。该联合技术委员会是ISO、IEC中最大的技术委员会，其工作量几乎是ISO、IEC的三分之一，所发布的国际标准也占三分之一。

IEC与ISO最大区别是运作模式不同。ISO的工作模式是分散型的，技术工作要由各承担的技术委员会秘书处管理。标准制定计划确定后，由ISO中央秘书处负责协调，只有到了国际标准草案（DIS）阶段ISO才介入。而IEC采取的集中管理模式，即所有文件从一开始就由IEC中央办公室负责管理，IEC中央办公室跟踪标准制定的全过程。IEC标准的权威性是世界公认的。IEC每年要在世界各地召开上百次国际标准会议，世界各国近10万名专家在参与IEC的标准制订、修订工作。2013年和2016年，我国电力专家舒印彪两度当选IEC副主席；2018年在韩国首都首尔召开的IEC大会上，舒印彪当选为主席，任期为2020～2022年。

1963 年，由美国无线电工程师协会（IRE，创建于 1912 年）与美国电气工程师协会（AIEE，创建于 1884 年）合并组建成的美国电气和电子工程师协会（IEEE）是一个国际性的电子技术与信息科学领域的技术组织，是世界上最大的专业技术组织之一，拥有来自 175 个国家的数十万会员。IEEE 被国际标准化组织（ISO）授权为可以制定标准的组织，设有专门的标准工作委员会。全球每年有超过 30 000 名义务工作者参与该组织的标准研究和制定工作，每年制定和修订的技术标准达 800 多项。IEEE 在包括电能、能源、生物技术和保健、信息技术、信息安全、通信、消费电子、运输、航天技术和纳米技术等领域制定了超过 900 项现行工业标准，标准内容涉及电气与电子设备、试验方法、元器件、符号、定义及测试方法等。IEEE 定义的标准在工业界有很大的影响。为了更加方便工作和紧密地联系会员参与 IEEE 的活动，IEEE 在世界范围内分为 10 个大区，各大区按地域设立分部，其中美国 6 个，加拿大 1 个，拉丁美洲 1 个，欧洲、中东和非洲为 1 个，亚洲和大洋洲 1 个（第 10 区），中国属于第 10 区。在中国，设有北京、香港、台湾 3 个分部。北京分部于 1985 年成立，为便于开展活动，分部下设有 18 个专业组织学组。

现代标准化是工业革命和市场经济的产物。人类社会从产品生产阶段进步到商品生产阶段，发生了商品交换，标志着生产力发展的一个飞跃，并直接导致市场经济的形成。市场经济的运作就是以发生在各个市场主体（供方、需方、中介方）之间的种种交换活动为中心进行的。市场经济的长期发展，形成了其自身的规律，其中很主要的一条就是等价交换。为了遵循和维护这个市场规律，就必须有一些能够为大多数市场主体所接受的规则。所以，人们常说市场经济是法制经济，参与市场经济的主体要有规则意识。就是说，人们用法律法规来判断交换行为是否公正，避免交换当中的虚假、欺诈行为。法规给出（行为）罪与非罪的分野，但仅仅这样说还不够。为了实现等价交换，人们还需要有一个公认的用来判断所交换商品品质和数量的标准，标准给出判断（商品、服务）好与不好的分野。早在自然经济阶段，人们生产产品只是为自己使用。只有生产力发展了，产品有了剩余时，才有可能用于交换。而这种交换行为是在供、受双方（市场主体）之间进行的，所以，需要对所交换商品的品质有一个共同认可，如果有市场主体的第三方——中介机构或中介人的参与，还要得到第三方的认可，这个认可就是实际意义上的标准。

当然，现实中远没有这么简单。一个工匠要用他制造的斧头换取农夫的一袋麦子，对于斧头、麦子的质和量，必须得到农夫和工匠的共同认可，交换才有可能完成。如果工匠又想用换来的麦子再换一只羊，麦子的质和量还必须得到牧羊人的认可。参与交换活动的市场主体增加了，对交换物的质和量进行认可的人便多了起来。货币出现以后，商品交换发展成商品流通，参与交换活动的市场主体多到无法计数。如果这位工匠还想请一位帮手——请他提供某种劳务，那么双方还要对这种服务所产生的消耗和其质量统一认识、做出规定，于是又出现了服务标准的问题。市场经济不断发展，不断提出要求，不断出现新的标准，不断深入到社会生活各个方面，逐渐形成一个全社会都来参与的活动。市场经济就这样造就了标准化。

从元朝在北京建都以来，历经明清两朝的建设，北京已经成为中国北方一个重要的经贸口岸，南来北往的客商云聚于此，开展各种贸易活动。每年春夏之交，从南方茶叶产区运来的新茶沿着京杭大运河一路北上，至北京东直门一带到岸。此时一批德高望重的老者会被茶商们恭敬地请到船上，这些老先生便会随机地从茶包中抽检些茶来，观色、闻香、品茗，然后给茶叶定出级别。级别一经确定，价格便也确定下来，然后便是按级定价进行销售，新茶便在北京城或通过北京城远销河北、山西、内蒙古、陕甘甚或蒙古、俄罗斯。因为这些老先生得到市场的广泛认可，他们凭多年积累起来的品茗经验和内心笃定的行为准则给茶叶确定级别的这一做法，形成了良好口碑并得到参与茶叶贸易各方的认可，事实上就是标准产生的过程。斗转星移，如今这种近似原始的做法已不再现，北京东直门一带的水域也早已掩埋入地，空留下海运仓

这样的地名让人追思过往的热闹与繁华。

如今，以技术、资本、产品、信息、管理知识以及人员等生产要素流动为基础的经济全球化已经形成不可逆转的趋势，正在冲决各种人为的藩篱，超越边界组成一个统一的世界经济。我国作为世界上最大的发展中国家，为了能够真正保持民族独立、经济繁荣，自应积极、务实和灵活地参与经济全球化，加入世界贸易组织（World Trade Organization，WTO）就是我国融入世界经济主流的重要渠道。关于入世的利弊，见仁见智。但从长远来看，入世在促进社会主义市场经济的建立、优化产业结构、转变经济增长模式、建立现代金融体系、推动科技发展及社会主义市场经济法制建设、提高政府宏观调控能力和管理效率等方面利大于弊；就企业而言，入世有利于我们学习和吸收市场经济国家的企业组织模式和管理经验，有利于培养企业是市场主体的观念，加快建立现代企业制度，提高企业适应市场经济的能力和市场竞争力，有利于我们增强竞争观念、规则观念、契约观念，增强风险意识，经营管理更加兢兢业业、守法守规；对于人民群众，除了从国民经济发展中获得好处之外，还将从社会保障体系的建立与不断完善、商品的丰富及就业机会的增加中受益。

在世贸组织范围内，各成员一致认为，使用产品和服务标准是促进双边和多边贸易的有效手段。为了制止把技术法规、标准和合格评定程序作为非关税壁垒和成为关税的“替身”，世贸组织对使用标准、防止贸易技术壁垒专门做了约定——贸易技术壁垒协议（TBT 协议）。该协议的核心是：各成员要保证其技术法规、标准和合格评定程序的制定、批准和实施不给国际贸易造成不必要的障碍；各成员要保证其技术法规、标准和合格评定程序的透明度。

20 世纪 80 年代后期，出现了我国第一个外资发电企业，他们利用待遇优势在电力系统内广招人才，当时由于大家对于人员流动缺乏精神准备，一时间出现了一个小小的风波，这是市场经济对我国国有电力企业原有固化的用人机制的一个挑战。多年之后，大家对市场行为才有了更为深刻的理解与认识。回顾我国加入世贸组织后的发展，国民经济发展依然迅猛，现已成为世界第二大经济体；参与全球化活动越来越多，领域越来越广，对国际贸易规则的理解与掌握越来越深刻、越来越纯熟；特高压电网、高速铁路在祖国大地上建成应用，大飞机制造、航天、北斗导航、人工智能、第五代移动通信技术（5G）等多项技术已然领先于世界。今天，我们比历史上任何时期都更接近、更有信心和能力实现中华民族伟大复兴的目标。

美国人雷·克洛克于 1955 年创建的麦当劳是当今世界最大的快餐连锁集团和食品集团之一。麦当劳创建初期仅是美国伊利诺伊州的一家快餐厅，发展到今天，已然成为全球连锁店超过 3 万家的快餐业龙头企业，跻身世界 500 强之列。麦当劳何以能像滚雪球似的迅速发展壮大，征服一个又一个饮食文化，其成功的原因中最重要的一个当属标准化——每一个细节都坚持标准化，而且持之以恒地执行。麦当劳把通常只在工业领域运用的标准化手段成功地运用在餐饮业，并很成功地发挥了标准化的作用。麦当劳对原材料有统一的标准要求，为进入中国市场，提前两年进行土豆种植地的考察；有食品加工工艺的标准，用于自动化的机器加工食品，绝少人为干预；产品的品种规格不多，但产品的质量稳定，保证了一样的口感、一致的味道。麦当劳除了一般意义上的标准化之外，还把经营模式标准化——连锁加盟：统一装修、统一标识、统一营销模式等，将标准化的好处发挥到极致。现代化大规模生产其实质就是大规模地克隆产品。麦当劳的经营模式能够在市场经济大潮中成功复制输出、实现规模效益，标准化是其赖以发展的基础和前提。

五、从我国近现代谈起

先谈谈传承

在我国，虽然很早就做了许多具有标准化意义的工作，但是按照现

代标准化的概念和国际上流行的做法开展标准化活动，却始于 19 世纪二三十年代。为说清楚我国标准化活动的发展情况，还要从早期汉民族的演化谈起。

农耕时代，欧洲笼罩在以宗教为核心价值观的中世纪黑暗之中，新大陆尚未发现，美洲的印第安人、玛雅人等正经历着原始的渔猎生活，非洲也还是部落族群的原始状态。而我国因为得天独厚的地理条件、勤劳智慧的创造能力、吃苦耐劳的奋斗精神和海纳百川的文化胸怀，在漫长的农耕时代，虽然也不乏灾害与战争，但我国的文明和经济发展独树一帜，领先世界数千年。

地理方面：古代世界农耕的主要生产地分布在北纬 20°～40° 之间，我国主要的农作物产区恰好集中在这一区域。亿万年的地壳运动造就了我国东南临海、西部高山、北部高原的西高东低、地貌多样的地理特征，海拔 500 米以上的山地和高原占陆地总面积的 84%以上。秦岭淮河将我国南北方进行了自然划分，南北跨温、热两大气候带，大部分农业产区位于北温带和亚热带，东亚季风、四季分明的气候条件有利于农作物生长。这样的地理特征使得在我国广袤土地上流淌的大河多为东西走向，黄河流域的小麦主产区和长江流域的水稻主产区基本保持在同一纬度，这使得沿黄河、长江流域种植农作物的地域异常广阔，这种资源优势在全世界范围中以大河文化产生的文明得天独厚。

我国古代先民对水稻进行人工培育成功后，在长江流域中下游地区广泛种植，加上南方河流湖泊广布，水资源丰富，鱼虾等水产品多样，造就了江南自古以来的鱼米之乡、富庶之地。而黄河流域干旱而少有林地的土地风貌，使荒地开垦相对容易，小麦自汉朝从西亚传入我国后，由于其产量高和营养丰富，在黄河流域得以迅速代替粟（小米）而广泛种植，且稳产增产，成为北方人民最为常见的主要食物。黄河九曲蜿蜒逶迤，流域广阔，沿大江大河流域进行农耕生产可以方便地取水灌溉，有利于农作物生长。在河套地区的宁夏平原广泛分布有秦渠（秦汉时期）、汉渠（汉代）、唐徕渠（唐代）这些古代人们开凿的水渠，且至今还发挥着作用。就这样，生活于长江黄河流域的人们终日精耕细作，从而带来了丰厚收获，经济由此发达，繁衍由此增殖（汉朝起全国人口已达六千万）。全世界以两河文明兴起的民族中，唯有中华民族的文明得以不间断地延续下来。

文化方面：简单来说，文化就是地区人类生活要素形态的统称，即衣、冠、文、物、食、住、行等。文化是相对于政治、经济而言的人类全部精神活动及其活动产品。虽然历史的潮流并不仅仅存在于农田中，还有那生长在广阔草原的游牧民族、在森林中以狩猎为生的众生，以及长年居于江河湖海中的渔民所创造的历史文化，但农耕文化圈毕竟是世界历史中的主流。中国文化海纳百川、博大精深，从夏商周到元明清，以家国为天下的文化传承，以礼治国、以德治国的政治理念，自隋朝建立绵延到清代的长达千余年的科举制度，使中国传统上重文而轻武，人民性格平和而隐忍。自汉代以来，独尊儒术，“君臣父子”的纲常理念由此成为普遍共识和文化基因，从而形成了以氏族宗族为核心的自律管理体制以及政府宽管、家族自治的传统，并一以贯之。依据某种社会权威和社会组织，独立于国家制定法之外，进行自我约束的行为规范在中华大地随处可见，使得社会矛盾自洽、一片祥和。

坐落在重庆酉阳县乌江干流下游的龚滩古镇现存一块光绪年间的永定成规碑，这便是当地民众共同遵守的村规民约和行为准则的一个例证。相信这样的规约在全国范围并不罕见。道家的“无为”思想态度用于政治的政策方略，是老子对君王的告诫，君主凡事要“顺天之时，随地之性，因人之心”，君主不要违反“天时、地性、人心”，不能仅凭主观愿望和想象行事，君主不与民争，政府无为、百姓自治；最后就是事无事、为无为，无为、不争。集儒、释、道三家于一身的宋朝文学大家苏轼晚年曾写过这样一首诗：“庐山烟雨浙江潮，未至千般恨不消。到得还来别无事，庐山烟雨浙江潮。”，以禅理入诗，把妄念看清，恍然超脱，却又以“不以物喜，不以己悲；居庙堂之高则忧其民，处江湖之远则忧其君”构成文人士大夫的文化传承与追求。《五灯会元》卷十七中，

有一段青原惟信禅师的著名语录:“老僧三十年前未参禅时,见山是山,见水是水。及至后来,亲见知识,有个入处,见山不是山,见水不是水。而今得个休歇处,依前见山是山,见水是水。”这“三般见解”是禅悟的三个阶段、三种境界。这种思想文化传承历经千百年,作为文化标杆深入人心,同时也使得百姓生活的方式长期聚合、绝少分散,导致的是宗(家)族观念、乡土观念根深蒂固。加之我国特有的地理环境,使长期以来汉民族增殖快速、人口基数庞大,文化观念广为传播,民风安泰而质朴。人民能有长期稳定的生产生活,农业经济积累得以坚实而长久,这也是我国能够长期领跑于世界的重要原因之一。

然而,也正是因为长期的农耕自足、闭关自守,使我们过度地安于现状。传统的重农抑商、轻视(手)工业的思维惯性导致创新能力不足,思维固守而僵化,工业化思想中最重要的规则意识与契约精神在这块美丽的土地上未能达成广泛而普遍的共识,致使工业革命大潮来到时,长期依存于农耕生活的我们竟有些茫然不知所措了。

旧中国的标准化

随着工业革命的到来,世界发生了翻天覆地的变化。1840 年的第一次鸦片战争把中国打醒。中国虽然醒来,却仍然是懵懂混沌之状。随后的第二次鸦片战争(1856~1860 年)、中日甲午战争(1894~1895 年)、八国联军入侵(1900 年)等,使得懵懂中的中国人终于有所警悟。于是,一批爱国先驱开始了复兴中华的探索。洋务运动(1860~1894 年)、变法图新(1898 年)、君主立宪、倡导共和等先后上演,以期从国体大政上寻求根本的解决。而彼时民族工业也渐渐兴起,以期在经济上得与世界强国相比肩。由此,标准化的理念开始输入,相应地促进了我国标准化工作的形成与开展。1908 年,清政府颁布了《奏定度量权衡画一制度图说总表推行章程》。章程共 40 条,期望通过发布规则达到自主度量权力和制图规范。但是,由于外有帝国主义侵略和制衡,内有统治阶级腐败与权力争夺,章程最终只是一纸空文。直至 1911 年武汉枪响,各省响应，中华民国建立，人们仿佛看到了一片新的曙光。然而，就在民国创建之初，各路军阀粉墨登场，中央政府孱弱无力。及至国共合作的北伐成功，时间已经跨入到 20 世纪 20 年代。

20 世纪 20 年代末期到 30 年代中期，军阀割据引发的战乱刚刚敉平，日本帝国主义侵华的大规模军事行动虽见端倪，却尚未大规模展开。国际上的列强由于第一次世界大战带来的乱象自顾不暇，国民党镇压中国革命的战事基本上局限在局部地区，中国的大局势中有一段难得的短暂的平静时期。民族工业乘此机会得到一定程度的加强与发展，虽然总体规模不大，但工商界的先驱们还是注意到了世界工业的新变化，意识到了标准化的发展状况及其对促进经济发展、科技进步所起的作用，从而也提出了我国标准化工作的开展方略和要求。

19 世纪 20 年代末期，我国电气领域的专家们在经过与欧洲、美国、日本、俄罗斯等多国的博弈之后，终于完成我国历史上第一部现代意义的标准——《电气事业电压周率标准规则》。该标准经中华民国行政院于 1930 年 9 月 9 日以行政院指令第二六六〇号批准发布，自 1931 年 1 月 1 日起正式实施。这一标准的发布实施，标志着我国开始有了自己的国家标准。1930 年 9 月 12 日，中华民国建设委员会以建设委员会公布令第七号转发了该令。《电气事业电压周率标准规则》共五条一个附表，标准中明确了我国标准电压和供用电频率为 50Hz，这一指标沿用至今，为我国电力工业发展奠定了基础。

1931 年，民国政府在国内工业界的呼吁下，效仿工业国家的常见做法组建了国家的标准化机构——工业标准化委员会。工业标准化委员会吸收政府各院部、各省有关厅局及学术团体、工业团体、厂矿等方面的代表及各有关方面专家百余人作为委员参加，并设立机械、汽车、电气、化工、染织、农药、器材、土建、矿业等专业标准化委员会，可谓雄心勃勃。1934 年，工业标准化委员会与度量衡局合并。1945、1946 年，我国连续两年派代表参加分别于纽约、伦敦召开的国际标准化协会成立大会和会员国会议，并于 1947 年当选为国际标准化组织（ISO）理事国。

1947 年，在民国政府经济部的领导下，组建了中央标准局。同时，工业标准化委员会还发布了一些相关的行政法规性文件，如中华民国标准化法、国家标准制定办法等。从现代标准化的概念传入我国之后，我国即把标准化工作置于政府管辖之下，成为国家行为。至 1949 年，工业标准化委员会在艰苦的努力下，共发布机械、冶金、电气、化工、轻工、建材等领域标准 171 项。虽然其中大部分标准是通过吸收和翻译国外标准转化而成的，但毕竟初步形成了我国的标准架构，为我国工业发展奠定了基础。

新中国的标准化

中华人民共和国成立之前，国家的工业基础十分薄弱，尽管南京政府在实业部里设立了标准局，可在那个战乱年代不可能踏踏实实开展标准化活动，标准局实际上是为摆设。1949 年 10 月 21 日，时任政务院副总理陈云同志主持召开中央财政经济委员会会议，决定在中央技术管理局内设立标准规格处，延续政府统一管理国家标准化工作的模式。曾在南京政府实业部标准局工作过的范迪允先生受命编写了《苏联制定标准的方法》一书，成为新中国第一份标准化教材。1949 年当年，中央人民政府财经委员会便审批了《中华人民标准　工业制图》。1950 年，重工业部召开首届全国重工业标准化会议。同年还制定了全国统一的棉花标准和棉纺织印染等国家标准，1951 年颁发棉印染成品品质标准，为人民生活提供基本保障。1950 年至 1951 年，铁道部先后发布《中华人民共和国铁路建筑规范草案》《铁路桥涵设计规程》，交通部发布《公路工程设计准则草案》。1951 年 4 月 6 日，政务院第 79 次政务会议通过《政务院关于 1951 年国营工业生产建设的决定》，提出了“打破旧的生产标准，提高质量，扩大品种”的重要任务，对标准化工作也同时提出了要求，推动了标准化工作的开展。1952 年，我国第一批钢铁标准颁布。彼时，率先解放的东北地区成为工业生产的重要基地，有规模地开展起工业生产，成为全国工业生产的标杆，东北人民政府工业部也于 1952 年颁发了《建筑结构设计暂行标准》，以指导东北的工业与民用建筑设计工作，标准被广大北方地区所采用。1953 年，中央人民政府林业部对《木材规格》《木材检尺办法》《木材材积表》三个试行标准进行了修订，并于 1954 年发布实施。1955 年，中央在颁布的《发展国民经济第一个五年计划》中提出了设立国家管理技术标准的机构，以及逐步制定国家统一的技术标准的要求。

1957 年，国家技术委员会内设标准局，开始对全国标准化工作实行统一领导。这是我国标准化工作从分散走向集中管理的开始。同年，参加了国际电工委员会（IEC）。1958 年，颁布 GB 1《标准幅面与格式》，这是规范标准编写的母标准。1962 年，国务院发布《工农业产品和工程建设技术标准管理办法》。这是中华人民共和国成立后的第一个标准化管理法规，对标准化工作的方针、政策、任务及管理体制等都做出了明确的规定。部颁标准形式也由此出现，推动了国家标准领域的扩展。1963 年 4 月，第一次全国标准化工作会议召开，编制了《十年标准化发展规划》（1963～1972 年）。到 1966 年，已经发布 1000 多项国家标准，全国标准化工作一片欣欣向荣的景象，基本形成了以中央政府统一领导、各政府部门和地方相配合的标准化管理机制。可以说，这种体制和标准水平基本满足了当时国家计划经济发展的实际需要。可惜十年动乱，使标准化机构撤销，人员下放，资料散秩，标准化工作受到了空前的严重破坏，1967～1972 年只发布 42 项国家标准。

1978 年以后，拨乱反正，当年 5 月中央印发《关于加快工业发展的若干问题的决定（草案）》。决定草案共 30 条，通俗地称为“工业三十条”，为工业复兴和国民经济健康发展奠定了基础。与此同时，国务院重新设立了国家标准化工作的行政管理机构——国家标准总局，1982 年更名为国家标准局。1988 年 7 月，由原国家标准局、国家计量局和国家经委质量局等单位合并而成国家技术监督局，为国务院直属机构，局内设有计量司、质量监督司、质量管理司等十余个机构，其中标准化司负责统一管理全国标准化工作业务。1998 年政府机构改革时，更名为国家

质量技术监督局，业务范围又做了相应调整；2000 年又调整为国家质量技术监督检验检疫总局，并由副部级机构调整为部级。次年 8 月 7 日，国务院正式批准印发《国家质量监督检验检疫总局职能配置、内设机构和人员编制规定》等三个文件，决定国家质量技术监督局与国家出入境检验检疫局合并，组建中华人民共和国国家质量监督检验检疫总局（正部级，简称国家质检总局），作为国务院主管全国质量、计量、出入境商品检验、出入境卫生检疫、出入境动植物检疫和认证认可、标准化等工作，并行使行政执法职能的直属机构。根据国务院授权，标准化的行政管理职能交给国家质检总局所属的事业单位中国国家标准化管理委员会承担。在政府的领导和组织下，我国标准化活动蓬勃开展，在改善企业管理、提高产品和服务质量、规范市场秩序等方面都取得了很大的成绩。

新中国电力工业标准化和新中国的标准化事业几乎是同步发展的。从第一个“五年计划”时期起，随着苏联设备的引进，我们采用了与苏联电力工业近似的管理模式。当时的电力技术标准基本上是采用相当于现今等同或等效采用国际、国外标准的方式转化而成。1950 年，为加强电力安全生产，主管电力工业的燃料工业部组织编制并颁布了《事故处理暂行规程》，1951 年修订为《电业事故报告统计规程》。该标准后多次修订，是《电业生产事故调查规程》的早期版本。至 1955 年，主管电力工业的原燃料工业部就颁发了 20 项部颁标准，其中 16 项是以法规、规程、导则形式出现的运行技术标准。到了 1965 年，已经有了比较齐全的电力运行技术标准，基本满足在当时技术、装备条件下的需要。同时还和其他部门一道起草了若干国家标准和部颁标准，之后是一段沉寂期。到 1978 年以后，电力工业的发展与其他各行各业一样得到恢复和迅速发展。

1978 年，为适应各行各业标准化发展需求，国务院成立了国家标准总局作为全国标准化行政主管部门。同年，参照国际标准化组织（ISO）和国际电工委员会（IEC）的做法，国家标准总局批准组建了第一个国家的专业标准化技术组织——全国电压电流等级和频率标准化技术委员会（SAC/TC 1），开始了以专业标准化技术委员会作为标准的研究与制（修）订工作技术组织的探索。全国电压电流等级和频率标准化技术委员会秘书处挂靠在机械工业部标准化研究所（现中机生产力促进中心），电力行业的一批专家参加了该标准化技术委员会，并做了大量工作。

自 1980 年起，电力工业领域汇聚了一批专业力量开展电力标准化工作研究、推广和应用，1981 年仿照组建了电力工业部避雷器标准化技术委员会（秘书处设在电力科学研究院），开启了电力专业化标准化队伍建设之端，为电力标准化工作走向专业化发展道路创造了经验。进入 20 世纪 80 年代，电力工业部相继成立了变压器、电力电容器、高压开关、水电站水轮机、电站汽轮机、电站锅炉、电机、水轮发电机及电气设备、气体绝缘金属封闭电器等多个专业的标准化技术委员会。不难看出，早期成立的这些专业的标准化技术组织多针对具体产品和设备。彼时，由于电力工业的快速发展和我国装备制造能力与水平不匹配的矛盾，电力工业部（水利电力部）针对重要的电力装备与设施组建了一批专业标准化技术委员会，同时编制了一批“订货技术条件”或相关的标准，意在保证电力生产的安全和可靠。

1982 年 8 月，在电力科学研究院的组织下组建了标准化研究室（1985 年转属于水利电力科技情报研究所），开展电力领域标准化的专业研究。1984 年 2 月颁发了《水利电力部标准化管理条例》，同年 3 月，水利电力部技术司成立技术标准处。此前，水利电力部基建司亦成立了标准定额处，电力标准化工作开始了全国范围内的统一管理。1988 年国家政府部门进行调整，经国务院批准组建国家能源部，宏观主管煤、石油和电力的能源工作；同期成立中国电力企业联合会（简称“中电联”）。受政府部门委托，中电联具体归口负责电力工业标准化统一管理和日常工作。这一时期，电力行业高压直流输电技术、电厂化学、继电保护、电测量等电力行业的专业标准化技术委员会相继成立，针对产品研发标

准的现象开始有所改变，电力生产过程中最多见和最重要的方法类标准逐渐增多，并开始占据主导地位。20 世纪 90 年代以后，水电施工、农村电气化、大坝安全监测、环境保护、水电规划设计、电力规划设计、电网运行与控制等电力专业标准化技术委员会相继成立，电力标准从针对产品、方法向电力生产过程的标准统一转变，电力标准化工作随着技术发展进行调整的脉络通过专业标准化技术委员会的设立可以窥见一斑。进入 21 世纪后，过电压与绝缘配合、电能质量及柔性输电、节能等专业标准化技术委员会成立，新技术发展在电力工业生产建设中的应用对标准化需求产生了变化，这些标准化技术委员会的成立弥补了这一空白。而后，随着能源部、电力工业部的撤销，中电联作为负责电力工业标准化统一管理的机构却始终存在，并不断加强，不仅为电力工业领域标准化工作作出了突出贡献，在国家乃至国际层面也取得了突出的成绩。2015 年 2 月，国务院提出标准化深化改革方案，开展了团体标准试点工作。中电联作为第一批团体标准的试点单位，开展了中国电力企业联合会团体标准试点工作，并根据《中国电力企业联合会标准管理办法》和电力工业发展实际与标准化工作需求，同步进行了专业标准化组织建设。2016 年经与多方协调，批准成立了中国电力企业联合会配电网规划设计、输变电材料、抽水蓄能、垃圾发电、直流配电系统等专业标准化技术委员会，填补了行业标准化技术委员会的不足。

时间跨入新世纪后，电力工业标准的发展已不仅局限于国内，也开始走向国际。随着特高压输电电网的建设和应用，我国特高压输电技术成熟起来并在世界领先，2008 年 8 月，由我国牵头申请组建的 1000kV 以上高压直流输电标准化技术委员会获国际电工委员会（IEC）批准成立，这是由我国自主提出并且秘书处设在中国的第一个 IEC 技术委员会，它在我国国际标准化技术组织队伍中也有了一席之地，实现了国际上的专业技术委员会从无到有的突破。

第二篇

从标准谈起

一、标准的概念

人类在发展演进过程中总是在客观世界的多样性中寻找规律性，规律性的东西演化成公认的准则，成为共同遵守的标准。

人类社会发展到今天，标准已经时时处处在人们不知不觉中影响着我们的生活，成为一种人类社会离不开的存在。您去商场购买服装，可能没有细想过您所购的商品从纺织、着色、设计、裁剪、定型、制作到包装运输均有其所依据的标准，但也许您会关注其洗涤方法、存放要求，而这也是依据标准给您的提示。购买食品可以查看其用料构成、生产厂家、营养成分、保质期限等的标准要求。至于住所，且不说工业、民用建筑的设计、施工、验收均有依据的标准规范，就是您对所购置的房屋也有一个心中的依据，对其进行房屋测量、屋宇间隔、容积情况、环境要求等的基本判断，而这依据往往也是源于标准。出行时不论所乘交通工具的种种标准，还是道路上的各种标识，均是依标而制、全国统一的。甚至于娱乐也有相应的规则需要遵循，比如交响乐队的弦乐、管乐、打击乐等的布局与编排，博物馆中器物摆放、存贮环境与灯光设置皆有一定之规，各种体育赛事从场地、到比赛器械、赛事内容等均有相应规则（标准）所依，便如国粹戏剧，您闭眼静听也应能分辨出生旦净丑，不同角儿的唱念做派，让您在不自觉中享受其中的美；三五好友相聚在一处，打打扑克消遣娱乐，也需事先约定玩儿法，规则不同、玩儿法也就各不相同。这一切皆因有标准在其中起着作用，“标准”二字对于大多数人来讲，相信都是耳熟能详的。惟其太过熟悉，人们往往未去深究它的确切含义，因而把生活中的理解和“标准化”领域中特指的含义混为一谈，模糊以至降低了我们对它的认识。

《辞海》中对标准有两个解释：“① 衡量事物的准则。如：取舍标准。② 榜样；规范。杜甫《赠郑十八贲》诗：‘示我百篇文，诗家一标准。'”其实，在原始的汉语言中，每个汉字都有其特定的含意，组合成词已是后来语言演变的结果。“标准”便是一个组合词，它是由意思不完全相同的两个字构成。“标”字在新华字典上有十个解[1]，这里取第十解：模范、准的之意；“准”字有八解[2]，这里取第二和第四解：依据、法则；依照的意思。两个字合起来的意思就是：选择一个目标或者确定一个学习、模仿的对象，然后依据规定的法则去追求、达到这个目标或效法这个对象。这样的理解，比较符合标准化理论所赋予标准的特定的含义。相对而言，只认为标准是一种尺度、一种规矩，这种理解虽然没有什么不对，但却有失片面。

注［1］标的解释有：① 树木的末梢：如治标、治本；② 始：与终相对；③ 志、符、记号：如标志、商标、标点；④ 风度：如标致；⑤ 文章、作品的题目：如标题；⑥ 突显、表明：如标语、标新立异；⑦ 某种武器：如标枪、飞标；⑧ 清朝军队的一种建制：督抚统帅的绿营称标；⑨ 旗帜：一种指挥用的旗，又如锦标；⑩ 模范、准的：如目标、投标、指标。

注［2］准的解释有：① 允许：如照准、批准；② 依照：如准此办理；③ 定平直的东西：如水准、准绳；④ 依据、法则：如标准；⑤ 靶子的中心：如瞄准；⑥ 肯定、确定：如准能行；⑦ 鼻子：如高鼻子叫隆准；⑧ 近似于某物的东西，如：准平原。

生活在 14 世纪的东晋文学家、史学家袁宏撰写的《三国名臣序赞》是一篇对三国时期魏、蜀、吴著名人物的点评文章。该文在提到魏国名臣夏侯玄（夏侯泰初）时有这一段描写：“渊哉泰初，宇量高雅，器范自然，标准无假。”这句话是对夏侯玄其人学识渊博，待人气量恢宏、博大，自然不造作，不借其他声望标榜自己，堪为榜样的高度赞扬评价，据考这是汉语“标准”一词的早期出现。

工业革命之后，标准化与其他理论的形成一样，走了一条从实践到理论、再从理论指导实践的道路。而最早给标准下定义的是前文提到的美国人约翰·盖拉德，他在其 1934 年发表的《工业标准化　原理与应用》一书中对标准是这样定义的：“标准是对计量单位和基准、物体、动作、过程、方式、方法、容量、功能、性能、配置、状态、义务、权

限、责任、行为、态度、概念或想法的某些特征，给出定义、做出规定和详细说明。它以语言、文件、图样等方式或利用模型、标样及其他具体表现方法，并在一定时期内适用。”盖拉德的这一定义尽可能详尽地把标准可能出现的各个领域罗列了出来，并给出了标准的一些重要特征：表现形式和一定时期内适用。

1972 年，桑德斯在《标准化的目的和原理》一书中给出了一个新的标准的定义：“标准是经一个公认的权威当局批准的一个标准化成果。它可以采用下述形式：文件形式，内容记述一整套必须达到的条件；规定基本单位或物理常数，如安培、米、绝对零度等。”这个定义是对标准尽可能地抽象和概括，从定义本身不难看出标准的产生是公认的，最常见的表现形式是以文件形式出现。

1982 年，ISO/IEC 发布第 2 号指南，对标准化领域的有关概念进行了定义和说明，其对标准的定义是：“标准（standard）——适用于公众的、由各方合作起草并一致或基本上一致同意，以科学、技术和经验的综合成果为基础的技术规范或其他文件，其目的在于促进共同取得最佳效益，它由国家、区域或国际公认的机构批准通过”。

随着科学技术的迅速发展，生产技术和实践经验日新月异，标准化领域不断扩展，关于标准的定义也不断更新。在 ISO/IEC 第 2 号指南发布后的这些年里，ISO/IEC 不断对该定义进行修订完善。今后，随着人们认知的变化仍会进行修订，这也是标准化活动的一个最为普遍的规律，持续的改进。

目前，在我国对标准的定义是：“通过标准化活动，按照规定的程序经协商一致制定，为各种活动或其结果提供规则、指南或特性，供共同使用和重复使用的文件。”——源自 GB/T 20000.1—2002《标准化工作指南　第 1 部分：标准化和相关活动的通用术语》。

事实上，不同国家、不同组织、不同机构对标准可能有各自的定义，但在当今标准化领域中，通常还是以国际标准化组织（ISO）的定义为蓝本进行表述，其他定义则作为参考。

二、对标准的理解

标准首先是一种约束性文件（通常也称为标准化文件）。文件是将人们在各种社会活动中的所见、所闻、所思、所想等通过一定的手段保留下来，并作为信息传递开去的书面记录。文件是标准最为常见的表现形式。

标准的发端是针对技术的，《中华人民共和国标准化法》（2017 年版）第一章第二条对标准是这样确定的："标准（含标准样品）是指农业、工业、服务业以及社会事业等领域需要统一的技术要求。"由此可见，标准是需要统一的技术要求，且其涵盖的领域不仅仅限于工业，在农业、服务业以及社会事业等领域，标准也是必不可少的。但随着时代的发展，技术与管理的融合加速，标准也由技术而向其他领域渗透，如管理活动和工作岗位，使标准覆盖和应用的范围越来越广。标准是对共同、重复的事物或过程进行约定的。共同是属于大家的、共有的，重复是同样的东西再次、反复地出现，共同、重复是制定标准的前提，其所追求的是结果的一致性。需要特别注意的是，这里并不是要求结果最佳，而是一致，从共同的一致性中获得效益的最佳。回归到 ISO/IEC 发布的第 2 号指南的标准概念，我们且对标准做如下理解。

（一）标准的主体

标准的主体制定和使用标准的行为在定义中隐去了。按照一般的理解，行为主体指参与制定和使用标准的个人或团体，他或他们一定能够从使用标准中获得收益，所以他们是和标准利益攸关的人。行为主体的范围可大可小，视具体标准所涉及的范围而定。大可以大到世界适用，如国际标准；小可以小到一个工厂、一个企业，如企业标准。这里的所谓"利益攸关"，不仅指提供产品或服务的一方，也包括使用产品或接

受服务的一方。但是，当标准所涉及的范围比较大时，这个行为主体就不可能是所有“利益攸关的人”，否则可能因为参与的人过多而无法运作。多数情况下行为主体是“利益攸关的人”的代表，一般包括生产、经销、使用、科研、检验及大专院校的代表，甚至涉及用户的企业标准，也应有用户代表参与其事。

在我国，政府作为公认机构应是民意的代表，担负着管理标准化活动的职责，所以政府也是“有关方面”，在制定标准时，也应有政府的代表参加。为了使这些“利益攸关的人”的代表工作顺畅，专业标准化技术委员会便应运而生。专业标准化技术委员会的一项重要职责，即是在其所负责的专业技术领域开展相关标准的研究、编制、审查、宣贯和跟踪，并根据技术发展，对标准进行适时的修订、完善或提出废止建议。

（二）标准的客体

标准规范的对象，即“共同使用和重复使用的事物与概念”。标准的实质是对一个特定的活动、过程或其结果（产品或输出）规定共同遵守和重复使用的规则或特性文件，“共同遵守”和“重复使用”是标准研编的前提。在标准所规定的领域里，共同是指在一个群体里大家都会遇到；重复则是指反复出现的对象，不论抽象（如术语、服务）、具象（如具体的有形产品）都可以用标准来进行规范。标准定义中所谓“重复使用”就包含了“对象是重复发生的现象”的意思。标准形成的基础是当代科学、技术、综合经验，通过对当代科学、技术和综合经验进行总结提炼，形成共同遵守、重复使用的文件，用以为确定范围的活动或产品提供规则、指南或特性。

早期，标准所规范的重复性事物与概念多以工业产品为主，随着标准化理论研究的深入和应用范围的拓展，标准也向新的众多领域渗透和扩展，如建设工程的验收、环境保护的规则、技术语言（如计算机语言、通信语言）的定义；管理领域的要求、工作（岗位）的作业方法和要求等；属于第一产业的农林牧渔产品，属于第三产业的服务等。

随着时间的推移和人们对客观世界认知的不断加深，标准也必将向更为广阔的领域发展。标准的核心是技术内容，这些内容主要以共同或共通的术语、技术指标、要求、试验方法、检测方法、实现方式、规则、通用流程、作业要求等进行展示，以求在尽可能广泛的群体中达成共识。

（三）标准的目的

标准的目的是为在一定范围内获取最佳秩序。“一定范围”明确了标准所涵盖的（技术）领域，通常包含两个方面的内容：其一是标准内容所涉及的范围，如术语、方法、过程、产品、工艺、管理活动或具体岗位等，其二是标准所适用的范围，一个领域、一个区域、一个国家、一个行业、一个地方、一个团体甚或一个企业皆有可能。范围的确定根据标准所适用、所涵盖的领域而定，或大到全世界通用，如国际标准，或小到一个由三五人组成的小型企业使用。这两方面相辅相成，需要合为一体去统筹考量，在标准制定之初，确定标准的范围是一项重要的前期工作。获得最佳秩序也包括两方面的意思，其一是通过制定、执行标准获得最大的经济收益或效益，例如生产的产品符合标准可以赢得更为广阔的市场，通过采用标准件的方式可以减少投入、降低生产成本，通过将产品进行序列化、台阶化的手段，使产品的覆盖面更加宽泛，有更为众多的受众等，这也是企业开展标准化活动的动力所在；其二是有序化的目的是获得最佳的社会效益，如环境保护，虽然有时为了环境保护而使企业损失一部分经济利益，但因为有利于经济社会的持续长久健康发展，制定和执行标准也是必须的。

从本质上说，标准就是既定的做事方式。其内容涵盖广泛的学科，从单一原料到复杂设备、从能源管理到信用评价、从岗位作业到生产过程、从纳米技术到航天航空。标准可以非常具体，如针对特定类型的产品，也可以具有广泛的普适性，如管理方法等。标准同时也是教科书，是众多专业领域的专家经过多年艰苦研究、探索而得来的成果的提炼和总结。标准中的一个指标、一个要求、一个数据都是标准编写者和审定

人心血与智慧的结晶。标准的阅读者、使用者可以简便快捷地从标准所提供的信息中获得丰富的知识给养，得到成熟的工艺、配方、试验方法和保证质量的判据等。

值得探讨的是，标准与法规不同，虽然都是约束性文件，但标准却始终遵循自愿的原则，绝大多数国家、行业、地方标准是推荐性的，我国团体标准更是从法的角度约定其为推荐性质。在这里“自愿”具有两层含义：其一是参与标准的制定是自愿的，个人或组织根据标准的实际需求，参与到标准的制（修）订过程中；其二是遵行标准的要求多是自愿的，虽然在多数情况下，为了适应贸易或合作环境的要求，第二个选项并非可以任意选择，但标准本质上属推荐性却是世界公认的法则。

例如，向欧盟国家出口商品并不要求一定符合相关的欧盟标准，但欧盟法规却明确在不执行标准时，商品的供应商要提供商品在形成过程中以及商品本身需要满足的环保、品质、追溯等一系列相关的证明性材料。与其如此，遵守标准似乎更为简便一些，于是，执行标准便成为一种自然的选择。标准对共同使用和重复使用进行约束其所追求的都是结果的一致性，即不论是谁“做”，不论“做”多少次，只要按标准给定的要求或规则去“做”，其“结果”都是一致的。反之，对不需要共同遵守和重复使用的活动和结果，则没有制定标准的必要。

（四）标准的内容

以科技成果和实践经验为基础，充分顾及先进性原则。科学研究、技术开发以及生产建设实践中成熟的成果和经验，只要是对与标准利益攸关的人或组织有益的，能提高管理效益、改进工作质量的，都可以用标准做出统一规定。严谨的科学成果是制定标准的基础，实践中的综合经验也是产生标准的重要源泉。成熟的经验一旦形成文字记录下来，其传承播散得会更为久远，也更有意义。

根据我国《标准化法》的规定，标准制定的范围主要包括农业、工业、服务业和社会事业四大领域。其中：

农业领域主要涵盖种植业、林业、畜牧业、渔业等产业。内容包括农业产品（含种子、种苗、种畜、种禽等）的品种、规格、质量、等级和安全，卫生要求，试验，检验、包装、储存、运输使用方法和生产、储存、运输过程中的安全卫生要求，技术术语、符号、代号，以及生产技术和管理技术等方面统一的技术要求。

工业领域主要涵盖采矿业，制造业，电力、燃气及水的生产和供应业，建筑业等行业。内容包括产品的分类、规格、质量、等级、标识或者安全、环保、资源节约要求，开采、设计、制造、检验、包装、储存、运输，使用、回收利用或者全生命周期中的安全、环保、资源节约要求，工程建设的勘察、规划、设计、施工（包括安装）、验收和安全要求，以及术语、符号、代号和制图方法等方面统一的技术要求。

服务业领域主要涵盖生产性服务业（交通运输、邮政快递、科技服务、金融服务等）、生活性服务业（居民和家庭、养老、健康、旅游等）。内容包括对服务各要素（供方、顾客，支付、交付、沟通等）的服务能力、服务流程、服务设施设备、服务环境、服务评价等的管理和服务要求。

社会事业领域主要涵盖国家为了社会公益目的所提供的公共教育、劳动就业创业、社会保险、医疗卫生、社会服务、住房保障、公共文化体育、残疾人服务等城乡基本公共服务领域，以及政务服务、社会治理、城市管理、公益科技、公共安全等领域。内容包括服务功能、质量要求、管理和服务流程、管理技术、监督评价等方面的统一要求。

（五）标准的表现形式

标准的实质是对一个特定的活动（过程）或其结果（产品或输出）规定共同遵守和重复使用的规则、导则或特定文件。也就是说，标准可以是规则或规范性文件，可以是导则性、指南性文件，也可以是对特定特性的规定。因此，标准是一个统称，它可以有不同的名称，如规程、规范、导则、指南以至操作手册、作业指导书等。标准最为常见的表现

形式是一种文件，外在形式是标准的载体，没有一定形式的载体作为标准的外在表现形式，标准的内在要求就无从谈起，这种外在形式也有相关标准或文件进行约束和规定，如 GB/T 1.1《标准化工作导则　第 1 部分：标准化文件的结构和起草规则》《工程建设标准编写规定》（建标〔2008〕182 号文件）、DL/T 800《电力企业标准编写导则》等。举个不太恰当的例子，例如鸡蛋，其营养价值的核心是蛋白与蛋黄，若无蛋壳的保护，其营养成分或许就无法有效地保存住。蛋壳就如标准的外在表现形式，蛋白与蛋黄构成标准的核心主体（技术指标或要求）。

在现实工作和生活中，标准并不仅以文件形式出现，有时也以实物形态出现，这时称为标准物质。标准物质是在规定条件下具有一种或多种高度稳定的物理、化学或计量学特性的物质或器具，用来作为比对材料赋值、验证评价测量方法、校准测量器具等，如前文提及的米原器。标准物质是标准的一种特殊存在形态，其相对独立，可重复使用，并有偿或无偿地进行转让。

（六）标准的用途

在给定范围内有关方面都来遵守、使用标准，才能最大限度地发挥标准的作用，使遵守标准和使用标准者获益。例如一家中国的建筑公司，按照加拿大提供的设计方案，为智利建造一座工厂，每个人都知道需一套透明的、能够在所有参与者范围内共同理解的技术标准；任何一家负责供应诸如建材、电气、机械设备、零部件的供应商也必须依靠这个标准。该标准既能提供共同的工作基础，又不妨碍个性的发挥，且能避免在产品上出现不足。世贸组织为促进国际贸易顺利进行，专门签订协议，规定贸易参与国必须公开自己的标准，并且互相承认产品达标认证结果。标准在贸易中的润滑作用由此可见。

标准还可针对产品形成、管理事项、提供服务以及岗位的工作进行具体而细化的表述，标准可以涵盖组织所从事并由其客户所使用的范围广泛的活动。标准是相关行业中了解机构需要并掌握专业知识人士的智慧结晶，这些专业人士包括制造商、供应商、销售商、采购商、客户、行业协会、用户或监管机构。标准是功能强大的工具，可促进科技创新、规范行为和提高生产率。标准可以使组织获得更大范围的成功，并可让人们生活得更轻松、更安全、更健康。

三、标准如何产生

从人类发展追求和谐统一的本质来说，标准是在与自然斗争和生产活动中不自觉的产物。但经历了工业革命以后，标准不再是约定俗成，而是“经协商一致制定并由公认机构批准”的特殊产品。

标准是规范各有关方面的行为、维护各有关方面共同利益的统一要求，必须得到各有关方面的一致认可，所以只有当协商达到一致时，标准才能成立。需要注意的是，这里的一致是指有关方面的代表对标准的实质内容普遍接受，没有强烈反对意见；这里的协商，当然包含“过程”的意思，但这个过程不能无限制地延续，通常它终止于标准审查，即在审查阶段给出协商的结果。为了便于操作，各相关国际组织，各个国家对标准产生的程序均有相应的规定，这也是标准产生的“标准”。

标准也是知识，是标准编制审查过程中众多参与者知识与经验的结晶。标准编写和审查时应慎重考虑以下各项因素，以充分发挥标准的作用。标准也应主要从这些方面评价其自身质量：

（1）协调。所谓协调，就是配合得适当。协调编制标准应遵守国家法律法规、方针政策，与现行标准（包括上级、同级标准）保持一致；如果同时起草若干标准，或已知有相关标准正在起草过程中，则彼此之间也应保持协调；同时，还应与标准涉及的各相关方协商一致。惟其如此，才能促进和保证标准的有效实施，而标准的有效实施才是产生标准的根本目的。

（2）先进。所谓先进，不仅是满足现有生产力的条件，还要考虑到

未来的发展趋势。标准所采用的技术，包括管理方法、手段等都应在适应现有条件的前提下尽可能先进。应注意，当使用技术内容先进的标准而导致必须对现有条件做重大改变或需要有大量投入时，应十分慎重，必要时应做可行性研究。

（3）科学。标准所采用的无论是科技成果还是实践经验，其原理必须是正确的；标准所借鉴的经验必须是成熟的，采用的方法要正确，要适合本标准所具有的条件。

（4）适用。实施的标准应适合该标准所覆盖范围内的具体条件，如生产环境、设备状况、技术条件、人员素质等；如因实施标准而需改变现有条件时，应具有改造的可能性和可行性。

（5）经济。标准的实施应能产生直接效益，如提高效率、简化工艺、节约原材料、节约投资等降低成本的效益；同时能产生间接效益，如提高安全生产水平，改善工作环境，改进劳动条件，保护员工身体健康等效益；能实现投资与效益的统一，即因实施标准而发生的投入和实施标准产生的效益应保持合理的比例。

（6）社会效益。标准的实施应有利于改善环境，或至少不应破坏环境；应合理利用资源，不应破坏资源或导致资源浪费，保证标准执行人员的安全与健康。

（7）可操作。标准的核心要求与指标应便于实施、易于执行、能检验、能测量、能鉴定。

（8）语言文字。标准行文要规范，文字应简练、精准，用词用语应准确、严密、统一。

标准编写者应对以上八个方面做充分认真的研究和思考后方可动笔，从而为标准发布后的实施奠定基础。

标准的编写者在编制标准之前，首先要对标准化对象进行深入而细致的分析，先后顺序应与实际过程有对应关系。试以一个产品的生命周期为例进行说明。产品生命周期理论是美国哈佛大学雷蒙德·弗农教授于 1966 年在其《产品周期中的国际投资与国际贸易》一文中首次提出的。弗农教授从营销学的角度将一个产品从引入期、成长期、成熟期到衰退期的四个阶段进行了分析和阐述，对后来的研究者们提供了一个值得借鉴的思路。

其后，国际标准化组织对产品生命周期的划分则更为细致，如果把一个工业产品从“出生”到“死亡”进行全过程剖析，大体会有如下 12 个阶段：

（1） 市场调研。对一项新产品进行开发之前的需求分析，研究市场需求、发展趋势和变化，是对产品性能、功能、类型、适用范围、价格等的调查研究工作。这一过程中，往往还伴有信息收集、试验等基础性工作。

（2） 设计与开发。根据市场调研的成果确定和开发产品的过程，用以实现和满足市场的需求。

（3） 工艺设计。为了产品得以生产或实现所采用的方法和过程的设计过程，包括实现产品而需要的原材料、装备、工器具、组织（人员）及其相关要求等。

（4） （原材料）采购。为了生产出满足设计要求的产品而进行的必要的原材料、备品配件、装备的购置和提供过程。

（5） 产品实现。生产产品的过程，包括原材料的加工、装配等。

（6） 检验与验证。进行产品与设计差异性的比对、审核与校准的过程。

（7） 包装、贮存、运输。为提供优良、安全、可靠产品而进行的必要的保护、存放和运送的过程。

（8） 销售与分发。根据消费者的需求提供产品的过程。

（9） 安装与交付。根据消费者的需求和产品的性能特征进行产品必要的提供的过程，如水轮机的现场安装。

（10） 技术支持。为减少消费者在使用产品时的疑惑而做的必要的说明、演示、培训等的过程。

（11） 售后服务。为保证消费者在使用产品过程中安全、可靠、方

便和提出的问题的解决和处置的过程。

（12）使用后的处置。产品报销、退役、废弃后的处置或翻新再利用的过程。

从上述各阶段可以看出，每个阶段事实上都是一组过程，在这些过程中，根据具体产品的实际情况，有的阶段可能会细化加强，有的可能会粗分点到为止甚或暂不做考虑。而产品的特性事实上也是其标准化特性的反映，包括搜查（检索）特性、感受特性和信任特性。例如，将电能作为一个具体工业产品来看待，则其产生的全生命周期则是由不同的组织共同协作、共同配合得以实现的。规划设计单位结合电能需求、国民经济生产需要等提出电源点、电网设计方案，施工单位进行建设，电厂将一次能源转化为电能，供电进行调度及输、变、配等工作将电能输送给电能使用者和消费者。而在这全过程中，每一个环节又有多个可以细分的内容进行深入的研究和工作。例如供电，供电的一个重要“产品”就是电能的有效、安全和可靠传输。无论是电网的规划、设计、运行、检修、营销五个方面，还是规划、基建、运行、检修、信通、物资、安全、营销八个方面，都是从传输的角度将“电能”这一特殊形态的产品全生命周期展示开来。营销是面向消费者，根据消费者的用电需求进行测算、归纳、汇总、结算以及服务提供的过程，“服务提供”是供电的另一个重要产品。其中的一项重要内容是将消费者用电需求传递给规划设计机构，规划设计机构根据营销提供的信息与消费者、电源点等进一步沟通、协调、细化后将设计方案传递给基建部门，基建部门负责组织进行施工建设，建设完成的变电站、线路移交给运行部门负责日常的运行和维护，运行中发现的问题由检修部门解决，从而完成电能由电源点向电能用户的传输。其间，信息的传递由信息通信部门负责，装备、材料、器材、工具等由物资部门提供支持，安全则自始至终全过程地存在于各个环节。产品生命周期的思想是全面的系统性思维的产物，系统性思维把事物发生的前因后果、不同机构、不同部门、不同专业有机地联系为一个有机整体，对标准的形成和产生有着重要的指导意义。

标准事实上是一种具有特殊用途的特殊“技术产品”，其特殊性在于其“约束性”特征。将标准看作一个产品时，其生命周期则大体可分为预阶段、立项、编制、征求意见、审查、批准、出版、复审、废止九个阶段。其在出版之前的各个阶段，实际上是标准的产生过程。标准是经与标准利益攸关的各方共同协商、达成一致后形成的，在形成标准的过程中，通过一定程序的约束是保证标准公平、公正与可执行的前提条件。现对以上九个阶段做进一步分析：

（1）预阶段。预阶段是产生标准的最初设想和开展标准前期研究的过程。这是非常重要的一个阶段，在这个过程中，标准的策划者应根据生产、经营、管理、市场和社会需求，以及当前科技水平、发展趋势等进行深入、认真、充分、系统的调研。预阶段要开展的工作大致包含以下内容：

1）与现有标准体系的关系说明。标准体系是指导标准建设的重要基础性文件，标准计划项目的提出应是该领域标准体系覆盖范围内的。

2）必要性研究，包括紧迫性和重要性两个方面。必要性研究是对形成标准的理由是否充分的分析过程。紧迫性考虑的是标准的急需程度，重要性考虑的是标准的影响力度。必要性的分析应充分结合现实的生产、建设、经营、管理、市场等各方面因素确定标准化对象，并要充分考虑标准发布后的实施与推广的可能性与相关影响。

3）可行性分析。可行性分析是指对现有技术条件下能否按计划进度完成标准编制，以及标准投入应用后是否对现实有很好的指导作用的分析，这一分析过程重点包括两个方面：一是经济合理性分析。分析标准所确定的技术要求和指标与现状的适应程度，标准实施后对企业可能产生的经济投入和影响，以及标准制定过程中所投入的账务情况等。二是技术适宜性分析。分析现有技术条件下制定标准的可能性，包括国内外现有技术发展情况及其趋势、该技术领域现有标准情况、标准发起人定位分析、标准级别的选定等。技术可行性分析还应充分考虑现实生产建设的需要，在大量的生产建设应用和充分的科学试验的基础上完成。

技术可行性分析应具有行业的普遍性，不应以一两个非典型案例作为立项结论。

4）政策导向性分析。政策导向性是指对拟编制的标准与国家相关政策、法规、行业发展规划、本专业技术发展趋势和发展方向的比对、研究，其目的是保证标准的技术内容与国家倡导的经济发展方向及专业发展趋势相吻合；此外，相关政策法规是否需要标准进行配套和支持也是分析的内容之一。政策导向性分析可为标准立项、实施提供法规性依据和保障。

5）协调性分析。“协调”是标准化工作的一个重要原则，也是标准研制工作的重要环节，其有两层含义：一是标准各部分之间的相互协调和统一，二是标准与相关标准（包括在编和相关专业领域准）之间的协调。协调性分析要对现行的相关标准进行总体的分析和评判，得出是否提出标准计划项目的必要性结论。标准预阶段的成果是标准立项建议书。

（2）立项。立项阶段是确定标准计划和下达标准计划项目的过程。通过这一过程，标准明确了其被认可的公认机构，从而确定了将来标准发布后的覆盖和使用范围。在这一阶段，不同国际组织、不同国家各有其相应的做法和要求。即便是在我国，不同的政府部门、组织也有其各自的要求。立项阶段的成果是标准的制（修）订计划。

（3）编制：着手编写制定标准草案的过程。标准计划下达之后，便可正式组建标准编写工作组开展标准的编制工作。工作组首先应召集全体参与标准编制的人员集中讨论和审定标准大纲。此过程的主要任务一是对标准大纲与立项初衷的一致性及合理性进行确认；二是按参编人员的特点和能力明确标准编制中的分工；三是确定标准编制的计划进度和工作安排；四是根据实际需要确定是否开展标准编制工作所必要的调研活动，如需调研，则应进一步明确调研的目的、范围、时间、人员和调研材料的处置等细节；随后各参编人员按照分工要求和时间进度安排分头编写标准，在规定的时间提交给标准统稿人，统稿人完成标准统稿工作，并与标准编写工作组全体成员进行交流沟通且无疑义后，便可以向有关方征求意见。起草阶段的成果是标准征求意见稿和编制说明，其中编制说明应随着标准形成的过程不断丰富和完善。

（4）征求意见：将标准草案（征求意见稿）发与标准各相关方征询意见的过程。征求意见应有明确的时间节点，标准编写工作组在收集意见后应有专人负责意见的汇总整理，而后工作组集体研究意见的处理。通常，意见处理有以下三种情况：一是采纳，即根据反馈的意见对标准进行修改完善；二是不采纳或部分采纳，此时标准编写工作组应给出不采纳或部分采纳意见的理由，以便于标准审查时进行说明；三是待定，当标准编写工作组对反馈的意见不能达成一致时，应记录下来，提交标准审定时确定。征求意见阶段的成果是标准送审稿、征求意见稿的意见汇总处理表和编制说明。

（5）审查：对标准草案进行审定的过程。标准计划立项后到正式发布之前的历次版本均称为标准草案，此处是指标准送审稿的审定。在我国，对国家标准、行业标准进行审查时原则上应协商一致，如需表决，必须有全体审查委员的四分之三以上同意方认可为通过。同时还规定，由专业标准化技术委员会组织的会议审查时，如标委会的委员因故不能出席会议，则必须事先向会议表明对标准草案认同与否的意见；函审时，标委会委员必须在规定时间投票表明具体意见，否则以上两者均按弃权计票。无标委会时，组织标准审查的机构亦参照上述做法执行。

审查时，标准编写工作组先对标准编写背景、过程、重要指标和要求的确定、征求意见的汇总处理情况等进行介绍和说明，然后审查委员会成员逐条对标准内容进行审慎的讨论和审定。审查的重点一是符合性，包括三方面的内容，即标准的内容与标准计划项目立项初衷、本专业技术发展趋势及国家相关政策和要求的符合性，标准编写格式与标准编写相关要求的符合性，标准编写过程与相关程序要求的符合性。二是一致性，即标准提出的各项技术要求与国家相关政策、法规、强制性标准是否保持一致。三是协调性，即标准的技术内容与现行相关标准是否

保持协调，如与相关标准在技术要求上产生变化时，应在标准前言、编制说明等文件中进行说明，并提出变化依据和执行时应注意的事项。四是合理性：其一，标准中确定各项技术指标与要求同生产建设实际、市场需求以及消费者期望之间的符合程度；其二，强制性标准的内容是否符合国际规则及国家强制性标准的编制原则和有关要求。

此外，标准审查时还应对标准语言的表述等进行认真审定，这些内容包括：标准体例应结构严谨、层次分明，文字表述应叙述清楚、用词确切、无歧义，标准中的术语、符号、代号应统一并符合相关要求，计量单位的名称、符号、误差和测量不确定度等符合相关基础标准要求，标准中的各项技术数据、指标应准确无误、可检验，系列标准各相关部分的表述方式、体例、内容和要求应协调一致。这一阶段所产生的成果是标准的报批稿、编制说明及其相关审查意见和结论。

（6）批准：由公认机构批准和发布标准的过程。在我国，标准的批准权是明确的。国家标准由国务院标准化行政主管部门（或会同有关政府部门共同）批准、发布；行业标准由相应主管该行业的政府主管部门负责标准的批准、发布，例如电力行业标准目前就由主管电力行业的国家能源局批准、发布；地方标准由相应的地方标准化主管部门批准、发布；团体标准、企业标准由相应的团体、企业批准、发布。批准阶段所产生的成果是标准的出版稿。

（7）出版：编辑、印制和发行标准的过程。国际标准化组织所制定的国际标准出版物归中央办公室，如有需要，可直接与该组织取得联系或通过所在国相关机构联系购置。我国与国际标准化组织联系和购置国际标准的机构是中国标准化研究院。国家标准、行业标准由相应的出版机构负责提供标准出版物。出版阶段所产生的成果是标准的正式出版物。

（8）复审：对标准重新认定的过程。标准发布后，随着技术的发展、环境的变化、市场需求的调整等诸多因素，组织标准编制的机构应定期对现行的标准进行定期或不定期的复审。在我国，标准复审的时间通常是五年，即标准实施后满五年时，应对标准的技术内容进行重新认定。标准的复审有如下几个结论：其一是确认，标准的技术内容和要求与现实生产条件相吻合，无须调整和变化为确认继续有效；其二是修订（改），当标准的技术内容和要求与现实生产条件发生变化时，应及时对标准进行修订或修改，以满足标准的适用性和有效的指导作用。复审阶段所产生的成果是对现行标准的重新认定的结论。

（9）废止：标准退出实际应用的过程，也是标准复审的成果之一。标准的废止应经相应的手续和流程完成。不同的组织、国家对此阶段亦有不同的要求。例如，美国电气和电子工程师协会（IEEE）规定满十年标准而未进行修订的标准自动废止。在我国，国家标准、行业标准在通过标准复审之后还有一定的公示和征询各方意见的过程，对废止无疑义的标准在履行一定手续后方可废止，如曾经广泛使用的磁盘、磁带标准，随着信息技术的发展，原国家标准均已废止。

四、标准的分类

由于标准所涉及的应用领域和使用范围不同，标准的分类方式也存在巨大差异，但总体上可以按其标准的层次（覆盖范围）、标准的类别（核心内容）、标准的约束性（强制与否）等几个方法对标准进行类别划分。

（一）从标准的层次谈起

标准的层次其实是其应用范围领域的概括，是从标准涉及的地理、政治或经济区域的范围来进行讨论的。可以是全球、区域或国家层次，也可以是某个国家的某个地区，或是政府部门、行业协会或企业层次。这种对标准的划分依据在不同的国家或组织也有不同的认知，不能一概而论，这里也只是我国通常的做法。

1. 国际标准

由国际标准化组织或国际标准组织通过并公开发布的标准为国际标准。这一定义来源于国家标准 GB/T 20000.1—2014《标准化工作指南 第 1 部分：标准化和相关活动的通用术语》中第 5.3.1 条。也就是说，国际标准应是在国际上被广泛认可和共同遵循的标准。

在我国，国际标准化组织是指国际标准化组织（ISO）、国际电工委员会（IEC）、国际电信联盟（ITU），国际标准组织是指由国际标准化组织确认并公布的其他国际组织，如国际原子能组织（IAEA）、国际卫生组织（WHO）、世界知识产权组织（WIPO）、联合国教科文组织（UNESCO）等。这些组织在其所涉及的领域内都具有权威性质，得到普遍和广泛的认可，即是公认机构。而其所制定的标准或规则，即便不被国际标准化组织认可，也在其领域内有极强的影响力和号召力。这些组织会根据国际贸易的情况、国际关系的变化、国际产业结构的调整以及国际间的博弈等诸多因素发生改变。因此，国际标准化组织也会不时地对这些组织名录进行调整公示，以便广大用户进行选择。前文提到，在我国 IEEE 不属国际标准组织，其所制定的标准也不属于国际标准的范畴。然而，由于其在电气领域的影响广泛，即便在我国，其标准也往往被广泛认可和采信。

一些美国学者或政客常以此为例对国际标准化组织进行申明。申明的原因是 IEEE 是技术专家的组织，每个技术专家都有其公平地表达相应意见的权利，因此其所确定的标准更为公平公正，也更适宜在全世界范围使用，因而是国际标准。这理由看似充分而冠冕堂皇，然而，这其实是在国际贸易或交流中最常见的博弈行为或做法。殊不知我们所谈的国际标准是在一个国际组织中一个国家有且仅有一票的表决权，经协商一致认定产生的，其代表的是国家行为或认可。而 IEEE 专业技术能力虽然强大、影响力虽然广泛，但毕竟其源于美国本土，该组织中绝大多数成员也是美国的技术专家，因而其所制定出来的标准便多多少少会带有美国的观点，如需表决时，美国必占先机，因此才有美国学者或政客的说辞，这就是博弈。毕竟标准是一个专业技术领域的先进代表，而其背后所产生的商业价值往往是无法估量的。

ISO/IEC 导则 21-1981（E）中规定，有需求的国家可采用认可法、封面法、完全重印法、翻译法、重新制定法和包括与引用法等六种方法将国际标准转化为该国的国家标准。在我国，由于语言的关系，最为通常的做法是翻译法（等同采用）、重新制定法（修改采用）和包括与引用法（非等效采用）。

这里还有一个国际上重要的全球性组织需要介绍，虽然它不是国际标准化组织所认定的标准制定机构，但由于其在国际贸易中的重要作用和影响，其所制定的规则（标准）也有极大的影响。该组织就是世界贸易组织（World Trade Organization，WTO），简称世贸组织。

世贸组织的成立可以追溯至 1944 年 7 月在美国新罕布什尔州召开的布雷顿森林会议。彼时，第二次世界大战已接近尾声，战后世界秩序的重新构建进入各国关注和讨论日程。美国为其在战后引领世界经济格局，倡导并组织召开了这个会议。

会上，来自 44 个国家的代表为实现二次大战后的国际贸易正常化，基本达成并签订了《国际货币基金协定》，以保持国际汇率的稳定、多边贸易和货币的可兑换性。根据协定，确定了一盎司黄金等于 35 美元的国际官方贸易价格，促成了美元对国际货币体系的主导权，从而奠定了美元作为世界贸易结算货币的体系的形成。会议还宣布成立国际复兴开发银行（世界银行的前身）和国际货币基金组织（IMF）两大机构，从众多参与国上可以看出各国对战后国际贸易新秩序的建立和运行的关注与重视。

1947 年，联合国召开贸易及就业会议并签署《哈瓦那宪章》，同意成立联合国框架下的世界贸易组织。然而，由于美国的反对，世界贸易组织未能成立起来。与此同时，美国发起并拟订了关贸总协定，作为推行国际贸易自由化的临时契约。国际贸易自由化对英联邦国家通过殖民地来吸血的帝国特惠制系统造成了毁灭性打击，第二次世界大战之后，

民族独立与解放的浪潮风起云涌，使殖民主义的玩法终于落寞就木，自由贸易时代悄然登场。

然而，多边关税与贸易谈判进行得艰苦而漫长，直到1990年，欧共体和加拿大分别正式提出成立世界贸易组织的议案。1994年4月15日，在摩洛哥的马拉喀什举行的关贸总协定乌拉圭回合部长会议决定成立更具全球性的世界贸易组织，以取代关税及贸易总协定。到1995年1月1日，世界贸易组织才正式成立。1996 年，世界贸易组织取代关税及贸易总协定开始正式运作。2001年12月11日，我国正式加入世界贸易组织。

世界贸易组织总部设于瑞士的日内瓦，其目标是建立一个完整的，包括货物、服务、与贸易有关的投资及知识产权等内容的、更具活力、更持久的多边贸易体系。其基本原则有：

（1）非歧视性原则，包括两个方面，其一是最惠国待遇，即成员不能在贸易伙伴间实行歧视；给予一个成员的优惠，也应同样给予其他成员。该原则在管理货物贸易的《关税与贸易总协定》（简称TBT协定）中位居第一条，在《服务贸易总协定》中为第二条，在《与贸易有关的知识产权协议》中为第四条。因此，最惠国待遇适用于世界贸易组织所有三个贸易领域。其二是国民待遇，即是指对外国的货物、服务以及知识产权，应与本地的同等对待，其根本目的是保证本国以外的其他缔约能够在本国市场上与其他国企业在平等的条件下进行公平竞争。非歧视性原则是世界贸易组织的基石，是避免贸易歧视和摩擦的重要手段，是实现各国间平等贸易的重要保证。

（2）互惠（对等）原则，是指两成员方在国际贸易中相互给予对方贸易上的优惠待遇。它明确了成员方在关税与贸易谈判中必须采取的基本立场和相互之间必须建立的贸易关系。

（3）透明度原则，是指世界贸易组织成员方应公布所制定和实施的贸易措施及其变化情况，没有公布的措施不得实施，同时还应将这些贸易措施及其变化情况通知世界贸易组织，强制性国家标准的制定与实施就是遵循这一原则向世贸组织各成员方公开的。

（4）市场准入原则，是以要求各国开放市场为目的，有计划、有步骤、分阶段地实现最大限度的贸易自由化，主要内容包括关税保护与减让、取消数量限制和透明度原则。

（5）促进公平竞争原则，即主张采取公正的贸易手段进行公平的竞争，不允许缔约国以不公正的贸易手段进行不公平竞争，特别禁止采取倾销和补贴的形式出口商品，并对倾销和补贴都做了明确的规定，制定了具体而详细的实施办法。

（6）经济发展与经济改革原则，该原则以帮助和促进发展中国家的经济迅速发展为目的，针对发展中国家和经济接轨国家而制定，是给予这些国家的特殊优惠待遇。

截至2020年3月，世界贸易组织共有164个成员国，其成员分四类：发达成员、发展中成员、转轨经济体成员和最不发达成员。

由布雷顿森林体系框架派生出来的一种非正式对话的一种机制——二十国集团（G20）峰会是一个国际经济合作论坛，其目的是防止类似亚洲金融风暴的重演，让有关国家就国际经济、货币政策举行非正式对话，以利于国际金融和货币体系的稳定。

G20最初于1999年6月在德国科隆提出，1999年9月华盛顿八国集团财长宣布成立二十国集团（G20）论坛，同年12月16日G20在德国柏林正式成立，由原八国集团以及其余十二个重要经济体组成。G20由中国、阿根廷、澳大利亚、巴西、加拿大、法国、德国、印度、印度尼西亚、意大利、日本、韩国、墨西哥、俄罗斯、沙特阿拉伯、南非、土耳其、英国、美国以及欧洲联盟等二十方组成。按照惯例，国际货币基金组织与世界银行的领导人列席该组织的会议。这些国家的国民生产总值约占全世界的85%，人口则将近世界总人口的2/3。由于G20经济体量庞大以及在世界范围的重要性，其所制定的规则在全世界范围内得到广泛重视。

2. 区域标准

由区域标准化组织或区域标准组织通过并公开发布的标准为区域

标准。这一定义来源于国家标准 GB/T 20000.1—2014 中第 5.3.2 条。国家标准管理委员会网站所采纳的对区域标准的解释是："区域标准化是指世界上同处于一个地区的国家参与开展的标准化活动。为了发展本地区或毗邻国家之间的经济与贸易，维护本地区国家的利益，协调各国标准以消除技术性贸易壁垒，这些国家的标准化机构联系在一起，开展合作，从而出现了区域性标准化机构。

区域性标准化机构，一般是按地理区域形成的，但有些机构已超出了地理区域的概念，其成员来自不同地区，但仍属于区域性标准化机构"。区域组织根据其在世界范围的影响力千差万别，常见的区域标准化组织有欧洲标准委员会（CEN）、太平洋地区标准会议（PASC）、亚洲标准咨询委员会（ASAC）、非洲地区标准化组织（ARSO）、欧洲电工标准化委员会（CENELEC）等。而从更广义的范围讲，一些重要的国际合作组织也是区域标准化的重要组成部分，如 20 国集团（G20）和欧洲联盟（欧洲标准委员会）、上海经济合作组织（SCO）等。

3. 国家标准

由国家标准机构通过并公开发布的标准为国家标准（出自 GB/T 20000.1—2014 第 5.3.3 条）。按照国家认定的标准化活动程序，经协商一致制定，由国家标准化管理机构统一管理发布，为全国范围内各种活动或其结果提供规则、指南或特性，共同使用、重复使用的文件。由于各国政治体制、工业化程度、经济情况等差异，各国的国家标准管理模式也存在较大的差异。

成立于 1901 年的英国标准学会（British Standards Institution，BSI）是世界上第一个国家标准化机构，由英国政府承认并给予财政支持。1929 年，BSI 被授予皇家宪章，1931 年英皇室颁布补充宪章规定："英国标准学会的宗旨是协调生产者与用户之间关系，解决供需矛盾，改进生产技术和原材料，实现标准化和简化，避免时间和材料的浪费；根据需要和可能，制定和修订英国标准，并促进其贯彻执行；以学会名义，对各种标志进行登记，并颁发许可证；必要时采取各种措施，保护学会的宗旨和利益”。根据1982年英国政府《白皮书》和英国政府与BSI达成的谅解备忘录，英国政府将BSI所制定的标准视为英国标准，标准代号BS，政府各部门不再制定标准，只在立法和贸易活动中更多地采用BS标准。

德国国家标准化机构产生于1917年。是年5月18日，德国工程师协会（VDI）在柏林皇家制造局召开会议，决定成立通用机械制造标准委员会，其任务是相应的标准规则。同年7月，通用机械制造标准委员会提出建议，将各工业协会制定的标准与德国工程师协会标准合并，通称为德国工业标准（DIN）。该提议获得广泛认可。12月22日，通用机械制造标准委员会改组为德国工业标准委员会（NDI）。鉴于其后所开展的标准化活动早已超越了工业领域，遂于1926年11月6日更名为德国标准委员会（DNA）。

第二次世界大战期间，该委员会未能正常开展工作。1946年10月，经美国、苏联、英国、法国四国管制委员会同意，德国标准委员会作为民主德国与联邦德国双方代表组成的机构在全德境内开展标准化活动，并于1951年参加国际标准化组织（ISO）。由于冷战的升级，1954年苏联控制下的民主德国成立了标准化局，导致德国标准委员会分裂，仅成为联邦德国的标准化机构，但彼时该机构在民主德国境内仍设有办事机构，直到1961年撤销。

1968年，民主德国宣布退出德国标准委员会。自此以后，德国标准委员会的活动仅限于联邦德国和西柏林。1975年6月，德国标准委员会与联邦政府签订一项协议：联邦政府承认德国标准委员会是联邦德国和西柏林的标准化主管机构，并代表德国参加非政府性的国际和区域标准化组织的活动。由德国标准委员会和德国电气工程师协会（VDE）联合组成的德国电工委员会（DKE）代表德国参加国际电工委员会（IEC）。两德合并后，统一为德国标准化学会。该学会是德国最大的具有广泛代表性的公益性标准化民间机构。其所制定颁布的标准是为德国国家标准，标准代号为DIN。

美国国家标准学会（American National Standard Institute，ANSI）成立于 1918 年，是美国非营利性民间标准化团体、自愿性标准体系的协调中心。其前身是由美国材料试验协会（ASTM）、美国机械工程师协会（ASME）、美国矿业与冶金工程师协会（ASMME）、美国土木工程师协会（ASCE）、美国电气工程师协会（AIEE）等组织共同成立的美国工程标准委员会（AESC）。后几经变化，1969 年更为现名。该委员会独立运作，不接受政府资助，美国联邦政府机构的代表以个人名义参加其活动。学会总部设在纽约，负责协调并指导美国全国的标准化活动，与相关机构和组织（如美国国家标准与技术研究院 NIST 等）联系密切，为美联邦标准制定、研究和使用单位提供帮助及其国内外标准化情报，同时又起着美国标准化行政管理机关的作用。其所制定的标准被视为美国国家标准，标准代号 ANSI。

我们的近邻日本于 1921 年 4 月成立工业品规格统一调查会（JESC），开始有组织、有计划地制定和发布日本国家标准。第二次世界大战结束后，美国作为战胜国主导日本政治、经济、社会活动，对其进行了全方位的改造。1946 年 2 月，工业品规格统一调查会宣告解散。1949 年 7 月 1 日起日本开始实施《工业标准化法》，并根据该法设立了日本工业标准调查会（JISC），负责除药品、农药、化学肥料、蚕丝、食品、其他农林产品标准之外的基础与通用标准，以及各工业领域技术标准的归口统一管理工作。1952 年 9 月，日本工业标准调查会代表日本参加国际标准化组织（ISO），1953 年参加国际电工委员会（IEC）。日本工业标准调查会组织制定和审议的是日本国家标准中最重要、最权威的基础、通用和工业标准，标准代号为 JIS。

新中国的国家标准化管理机构也经过多次调整变化，目前国家标准化管理委员会隶属于国家市场监督管理总局。按照《标准化法》的规定，统一归口国家标准的管理与协调工作。我国国家标准代号为 GB，其标识方法分为强制性国家标准 GB、推荐性国家标准 GB/T、国家标准化指导性技术文件 GB/Z 三类。其中，推荐性国家标准所占比例最高、应用最广。工程建设国家标准由国务院工程建设行政主管部门（住房和城乡建设部）具体管理，住房和城乡建设部与国家标准化管理委员会联合发布。国家军用标准的制定、实施和监督办法，由国务院、中央军事委员会另行制定。

4. 行业标准

2014 年发布的国家标准 GB/T 20000.1 中对行业标准的定义是“由行业机构通过并公开发布的标准”。我国所谓的行业，是指从事国民经济中同性质的生产、服务或其他经济社会活动的经营单位或者个体的组织结构体系，由权威部门（通常是政府）制定和颁布的产业分类，如电力行业、水利行业、机械行业等。在我国，“行业”一词最早见于《三国志・魏志・武帝纪》：“太祖少机警、有权数、而任侠放荡，不治行业，故世人未之奇也。”此处行业与职业相通。进行行业划分是为了解释、了解和掌握行业本身所处的发展阶段及其在国民经济中的地位，分析影响行业发展的各种因素以及判断这些因素对行业产生的影响，预测并引导行业的发展趋势与方向，判断行业投资价值，揭示行业风向，为各组织机构提供投资决策或投资依据。

行业内按照确定的标准化活动程序，经协商一致制定，由行业标准化管理机构统一管理发布，为行业范围内各种活动或其结果提供规则、指南或特性，共同使用、重复使用的文件即为行业标准。在我国，行业标准系由原部颁标准演化而来，为规范管理、约定技术要求，各政府主管部门均在其所辖范围内，制定并颁布部颁标准，这一做法从中华人民共和国成立之初一直延续到 20 世纪 80 年代末期《标准化法》颁布以后方有改观。目前，行业标准由归口宏观管理该行业的政府部门统一负责，如电力行业标准、能源行业标准目前由主管能源行业的政府部门——国家能源局统一管理，水力行业标准由水利部统一管理，机械行业标准由工业和信息化部和国家能源局（涉及能源装备）统一管理等。所谓统一管理，其主要内容包括行业标准规划的制定、计划的下达、标准的颁布以及废止标准的认可等。国家标准化主管机构对行业标准发有统一的标

准代号（标识号）。我国电力行业标准的代号为DL，能源行业标准的代号为NB。

5. 地方标准

在国家的某个地区通过并公开发布的标准。这个定义源自 GB/T 20000.1—2014 中第 5.3.5 条。地方标准是为了满足当地的自然条件、风俗习惯等特殊技术要求而制定。“地方”一词最早是中国古代的一种空间秩序概念，最早见于汉代《周髀算经》的记载：“数之法，出于圆方。圆出于方，方出于矩。……平矩以正绳。偃矩以望高，覆矩以测深，卧矩以知远，环矩以为圆，合矩以为方。方属地，圜属天，天圜地方。”这段话不仅详细论述了天圜地方的属性，而且也部分涉及了天地何以圜方的逻辑。我们的先民认为天空是圆形的，大地是矩形的，即所谓的“天圆地方”。战国时期的宋玉在其《大言赋》中则说：“方地为舆、圆天为盖，长剑耿介、倚天之外”。在我国古代世界观里，方是地文、人文秩序建构，圜是天文秩序建构。历代的城池、宫殿、九州、五服、九宫等均是方形的规划和空间建构。东南西北叫作四正，东北、东南、西南、西北称之为四维或四隅。可以说，古人对大地的认识乃是不断方正的过程，正不仅仅要正方向，还要正大地本身。正是由于方正具有积极的正面价值，因而最终凝结成道德准绳。方正不仅是地德，也是道德。汉代以后称道德高尚者为“方正贤良”，也是为人之标准。而在现代汉语里地方则是专指一行政区划，地方标准则是指某一个特定的行政区内共同遵守和使用的规则。

2018 年实施的《标准化法》规定，地方标准是由设区的地方人民政府标准化行政主管部门根据本行政区域的特殊需要，经所在地省、自治区、直辖市人民政府标准化行政主管部门批准，可以制定本行政区域的地方标准。地方标准的代号是 DB+地方行政区划代号构成。例如，南京市的地方标准代号为 DB 3201。

在我国，国家标准、行业标准和地方标准均由相关的政府标准化行政主管部门统一管理，换句话说即是以上三级标准认定的公认权威机构是政府部门。这是和以下团体标准、企业标准的最大差异。

6. 团体标准

由同一领域的相关组织构成的一个合理利用每一个成员的知识、技能、资金等，并为共同目标而协同开展工作、解决现实问题的共同体（组织）称为团体。在我国，根据不同性质，团体常以学会、协会、商会、联合会和产业技术联盟等形式存在，并接受有关政府部门的指导或监管。团体标准则是具有法人资格，且具备相应专业技术能力、标准化工作能力和组织管理能力的学会、协会、商会、联合会和产业技术联盟等社会团体按照团体确立的标准制定程序自主制定发布，为团体内各成员的活动或其结果提供规则、指南或特性，共同使用、重复使用的文件。团体标准由社会自愿采用（推荐性）。2016 年中国电力企业联合会作为国家标准化管理委员会认定的可以开展团体标准活动的社会团体，面向其会员单位和社会制定发布中国电力企业联合会团体标准，其标准代号（标识号）为 T/CEC。其中，T/是国家统一给定的团体标准代号，具有两层含义：一是“团”字汉语拼音的首字母，代表团体标准（标准的层级），二是“推”字汉语拼音的首字母，代表推荐性标准（标准的性质）。

在国际上，一些专业技术组织所制定的标准事实上也是团体标准，如 IEEE 的标准等。从上面国家标准的相关介绍中也可以看出，一些工业发达国家的国家标准实际上是团体标准，只是由政府认可并被政府广泛采信和使用而成为其国家标准的代表。

7. 企业标准

GB/T 20000.1—2014 中第 5.3.6 条对企业标准的描述是：“由企业通过供该企业使用的标准”。企业是指从事生产经营活动，实行独立核算的社会经济单位，也是依法自主经营、自负盈亏、独立核算的商品生产和经营单位。企业与其他社会组织，如军事组织、政治组织、科教文化组织等的根本区别在于，它是以独立的社会经济主体的资格，通过生产经营活动实现一定的经济目的，为社会提供物质产品和服务。企业的根本任务是“根据国家计划和市场需求，发展商品生产，创造财富，增加

积累，满足社会日益增长的物质文化生活需要”。

在我国，上、下级标准有其专门的含义。按照《标准化法》的要求，标准级别分为国家、行业、地方、团体和企业五个层级，后者之于前者是下级标准，如国家标准是行业、地方、团体和企业的上级标准。上级标准指导下级标准，下级标准应符合上级标准的要求，不得与上级标准要求与指标相抵触，并鼓励下级标准提出严于上级标准的要求；当没有上级标准、上级标准不够具体或操作性不强时，可以制定下级标准，一旦有了适用的上级标准，对应的下级标准则应废止。在编制企业标准时，应注意其指标要符合国家标准、所属行业标准、企业所在地的地方标准的要求，如果企业是某团体的成员，其标准也应满足团体标准的要求等。基层企业上级单位的标准仍属企业标准，通常不能称为基层企业的上级标准，只是由于基层企业的隶属关系和对上级要求的遵守，基层企业应执行上级组织的相关标准，并应就上级标准的要求在本企业遵照执行的可行性进行分析和研究。2016 年以前，企业对外提供产品时，若无相应的上级标准，则应制定企业标准，并向相关政府标准化主管部门或有社会公信度行业组织进行标准备案，备案后的企业标准方为有效，其所依据该标准生产的产品也被认可。随着国家标准化工作深化改革的需要，企业标准备案制改为自我声明制，即企业编制并遵循的面向市场的企业标准应向社会承诺遵守其要求的声明，并通过国家标准化管理渠道（通常是网站）和适宜的地方披露，如火力发电企业在其门口显著位置公示的排放指标和运行指标即是一例。

（二）从标准的类别谈起

标准的类别是标准分类的另一种方法。国家标准 GB/T 1.1—2020《标准化工作导则　第 1 部分：标准化文件的结构和起草规则》中第 4.2 条按照标准化对象和标准功能将标准划分为两大类。其中，针对标准化对象类的标准有：

- 产品标准：规定产品需要满足的要求以保证其适用性的标准。

- 过程标准：规定过程需要满足的要求以保证其适用性的标准。
- 服务标准：规定服务需要满足的要求以保证其适用性的标准。

注：产品标准还可以细分为原材料标准、零部件/元器件标准、制成品标准和系统标准等。其中，系统标准指规定系统需要满足的要求以保证其适用性的标准。

功能类型的标准有：

- 术语标准：界定特定领域或学科中使用的概念的指称及其定义的标准。
- 符号标准：界定特定领域或学科中使用的符号的表现形式及其含义或名称的标准。
- 分类标准：基于诸如来源、构成、性能或用途等相似特性对产品、过程或服务进行有规律的划分、排列或者确立分类体系的标准。
- 试验标准：在适合指定目的的精密度范围内和给定环境下，全面描述试验活动以及得出结论的方式的标准。
- 规范标准：为产品、过程或服务规定需要满足的要求并且描述用于判定该要求是否得到满足的证实方法的标准；
- 规程标准：为活动的过程规定明确的程序并且描述用于判定该程序是否得到履行的追溯/证实方法的标准；
- 指南标准：以适当的背景知识提供某主题的普遍性、原则性、方向性的指导，或者同时给出相关建议或信息的标准。

事实上，标准划分可以有且存在多种方法，由于现代技术的融合与相互渗透，在标准划分上存在着对一项标准可以划分为多种类别的现象，在分类过程中这些类别相互间并不排斥，例如一个节能综合利用的标准其内容给出的相关要求可能是某项节能活动的试验、检查或分析方法等，因而也可将其归类为方法标准等，这并不会影响标准的内容与使用。然而，通常我们在给标准进行分类时，一旦确定了标准的类别，如无切实的必要，一般不会再按新的类别对其调整。在我们认知标准概念时，对标准类别划分的原则有所了解是必要的，过分纠结于对标准类别如何划分似也不必，在这里给出的也仅是标准划分的基本概念和原则。

1. 基础标准

在我国，关于基础标准的说法有多种，仅国家标准而言，就有 GB/T 20000.1—2014 中第 7.1 条给定的：“具有广泛的适用范围或包含一个特定领域通用条款的标准。” GB/T 1.1—2020 中第 3.1.3 条则是这样定义的：“以相互理解为编制目的形成的具有广泛适用范围的标准。”等不同的说法，但通俗地讲，基础标准实为一定范围内作为其他标准的基础或被普遍适用的、具有广泛指导意义的标准。“基础”一词本意系指建筑的底部与地基接触的承重构件，它的作用泛指把建筑物上部的荷载传给地基，因此基础的牢固、稳定和可靠决定了建筑物的坚实与耐久。基础标准可以作为其他标准的基本要求应用于其他标准之中，基础标准的内容宜具有广泛、普适的指导意义，为相关领域技术标准或生产、经营和贸易活动所借鉴。在我国国家和电力行业标准中如 GB/T 1《标准化工作导则》、GB/T 321《优先数和优先数系》、GB/T 3102《量和单位》系列国家标准、GB/T 4728《电气简图用图形符号》系列国家标准、DL/T 1499《电力应急术语》、DL/T 861《电力可靠性基本名词术语》等都可归于基础标准的范畴。

2. 通用标准

国家标准 GB/T 1.1—2020 中第 1.3.4 这样定义通用标准：“包含某个或多个特定领域普遍适用的条款的标准。” 所谓通用系指较为宽泛的、体现基础性和共用性并与专业性或针对性相区别的特质。通用标准即是在较为宽泛的领域内具有广泛指导意义和普遍适用的标准文件，即其不仅局限于某一特定的行业或专业领域内应用。有时，为了明确起见，在我国通用标准常在标准名称中包含词语“通用”，例如通用规范、通用技术要求等。

3. 产品标准

国家标准 GB/T 20000.1—2014 中第 7.9 条给出的定义是：“规定产品需要满足的要求以保证其适用性的标准。”也即为保证产品适用性，对产品必达特性提出要求、指标的标准。“产品”系指“作为商品向市场提供的，引起注意、获取、使用或者消费，以满足欲望或需要的任何东西。”换句话表达，“产品”即作为商品提供给市场，被人们使用和消费，并能满足人们某种需求的任何东西，包括有形的物品、无形的服务、组织、观念或它们的组合等。营销学权威专家美国人菲利普·科特勒在其 1994 年出版的代表作《营销管理 分析、计划、执行和控制》一书中，将产品分划为五个层次，即核心产品、基本产品、期望产品、附加产品和潜在产品。核心产品是指整体产品提供给消费者的直接利益和效用，例如去商场购买一件棉服等，消费者的核心产品是棉制的服装而非其他（如衬衫、西装等）服装；基本产品即是核心产品的宏观化，例如服装是一个统称，也即基本产品，服装又可细分为春秋装、夏装、冬装等不同季节的特定服装，即便是冬装，也分羽绒、棉毛等和同质地的服装，而同一质地的服装还可分有长款、短款等形式；期望产品是指顾客在购买产品时，一般会期望得到的一组特性或条件，例如购置的夏装期望穿着舒适、方便洗涤、款式美观、吸汗透气等；附加产品是指超过顾客期望的产品，例如购买商品时给予消费者以优惠、赠品等；潜在产品是指产品或开发物在未来可能产生的改进和变革，例如对所销售的服装承诺的修补、翻新等。

目前，国际上通常把产品分为服务、软件、硬件和流程性材料四类。服务通常是无形的，是为满足顾客的需求，由供方（提供产品的组织或个人）和顾客（接受服务的组织或个人）之间在接触时的活动以及供方内部活动所产生的结果，并且是在供方和顾客接触上至少需要完成一项活动的结果，如医疗、运输、咨询、金融贸易、旅游、教育等。服务特性包括安全性、保密性、环境舒适性、信用、文明礼貌及等待时间等。服务的提供可涉及：

- 为顾客提供的有形产品所完成的活动，如设备的维修。
- 为顾客提供的无形产品所完成的活动，如技术咨询、试验测试。
- 无形产品的交付，如知识传授、信息提供等。
- 为顾客创造氛围，如交通、宾馆、医院、影剧院等。

软件产品通常是由信息组成，是通过支持媒体表达的信息所构成的一种智力创作，通常是无形产品，并可以方法、记录或程序的形式存在，如计算机程序、研究报告、统计数据等。

硬件通常是有形产品，是不连续的具有特定形状的产品，其量具有计数的特性，往往可以用计数特性进行描述，如变压器、火电厂、电力线路等。

流程性材料通常是有形产品，是将原材料转化成某一特定状态的有形产品，其状态可能是流体、气体、粒状、带状，其量具有连续的特性，往往用计量特性描述，如油脂、蒸气、石膏、面粉等。

产品标准的内容通常是针对产品形成过程进行阐述，按产品全生命周期进行标准内容的策划与构建是形成产品标准的通常做法。如对一个产品从原（材）料、设计、生产加工过程、生产工艺等入手，到产品质量的检验、运输、交付、检验与实验方法、使用（运行）中的重要指标、要求以及产品报废后的处置等进行全面的表述。当一个产品形成过程的表述内容过多或过于复杂时，可以分门别类地对单独的某一项内容进行展开细述，从而形成系列标准或构成相互协调、相互补充、全面配套的标准体系。

在我国电力行业中，如 DL/T 1861《高过载能力配电变压器技术导则》、DL/T 1429《电站煤粉锅炉技术条件》、DL/T 696《软母线金具》等都属于产品标准类。

4. 方法标准

以抽样、统计、分析、试验、检查、计算、测定等为对象的标准。作为一个汉语词汇，“方法”通常是指为获得某种东西或达到某种目的而采取的手段与行为方式。法国哲学家笛卡尔于 1637 年出版的著名哲学论著《方法论》，是对西方人的思维方式、思想观念和科学研究方法有极大影响的哲学概念，与我们在这里讨论的科学概念有所不同。然而，其在《论方法》一书中提出的普遍怀疑（把一切可疑的知识都剔出去，剩下决不怀疑的东西），把复杂的东西化为最简单的东西［例如把精神实体简化为思维，把物质实体简化为广延（基本）]，用综合法从简单的东西得出复杂的东西，累计越全面、复查越周到越好，以便确信什么都没有遗漏的四个思维方法，却也是标准化活动中应遵循的基本原则。

在我国古代，“方法”通常是指量度方形的法则，也是一种标准。2400 多年前，墨子的《天志中》就有记载：“中吾矩者谓之方，不中吾矩者谓之不方，是以方与不方，皆可得而知之。此其故何？则方法明也。”这是方法一词的早期说法，是与圆的对应，其意是只要按着规（圆）与矩（方）的量具去操作（按标准做），便可达到想要的效果。在人们有目的的行动中，通过一连串有特定逻辑关系的动作来完成特定的任务或工作，这些有特定逻辑关系的动作所形成的集合整体就称为人们做事的一种方法，而对这些动作所形成的集合整体进行分析、总结、抽象、归纳、统计、计算等而编制的共同使用和重复使用的规则即是方法标准。编写方法类的技术标准时，其内容宜对该方法所采用的技术原则、特征、方法内容、检验、使用的原（材）料、仪器、方法的过程等进行全面描述。此外，针对管理的方法标准则应对管理方法的基本原理、过程、管理活动所涉及的各个环节和参与的各个要素等进行描述，并宜给出采用该管理方法后所达到或期望的目标。在电力生产中，如 GB/T 7598《运行中变压器油水溶性酸测定法》、DL/T 1540《油浸式交流电抗器（变压器）运行振动测量方法》、DL/T 567《火力发电厂燃料试验方法》系列标准等都可归于方法标准类。

除上述标准分类之外，随着现代技术融合、标准关注内容的转变，新的标准类别也随着需要而向多元化、综合性及相互交融的方面延伸，而在此类标准中，常常是基础、通用、产品、方法等标准内容的融合，诸如：

5. 安全标准

为免除不可接受伤害风险的状态而制定的标准为安全标准。通常，这些不可接受的伤害风险往往是针对人或物的。安全是一种状态，是通过持续的危险识别和风险管理过程，将人员伤害或财产损失的风险降低

并保持在可接受的水平或其以下。国家标准 GB/T 28001《职业健康安全管理体系 要求》对“安全”给出的定义是：“免除了不可接受的损害风险的状态。”没有危险是安全特有的基本属性，而安全就是没有危险的状态。然而，有危险却并不代表不安全，只要“危险、威胁、隐患等”在可控范围内，就可以认为是安全的。在生活、工作中，危险是无处不在的，比如驾驶车辆、操作设备等都存在一定程度的危险因素，关键是其是否在可控范围之内。面对危险，是否有对策、对策是否有效以及其是否能落实和已落实，才是判断安全的有效途径和方法，没有危险的安全状态几乎不存在。

根据国家相关法规的实施要求以及国际、行业的实践经验，对涉及安全的生产过程中所存在的风险建立模型，进行归纳、分析、总结、量化其转化为事故的可能性（概率），后果的严重程度和存在的风险级别；对可能造成的人身伤害或疾病、财产损失或环境破坏进行评估；对在一定的触发因素作用下可能转化为事故的场所、空间、设施、设备进行识别，对事故的可能性和后果进行评估和定量计算等是风险评价和风险控制的基础，也是提出和编制安全标准和应急预案的重要参考。电力标准中，如 GB/T 35694《光伏发电站安全规程》、NB/T 31052《风力发电场高处作业安全规程》、T/CEC 5004《电力工程测绘作业安全工作规程》等都可以划归为安全标准类别之内。

6. 节能综合利用标准

节约或合理利用能源、资源，减少浪费、提高能源、资源有效利用的标准。由于工业化发展，能源问题已经成为国家发展过程中一个重要的战略性问题。世界各国对能源的充分合理利用高度重视，能源问题也对国际交流与合作，甚至是世界今后的发展与走向产生巨大的影响。为了推动全社会节约能源，提高能源利用效率，保护和改善环境，促进经济社会全面协调可持续发展，1997 年 11 月 1 日第八届全国人民代表大会常务委员会第二十八次会议审议通过了《中华人民共和国节约能源法》，其后又多次对该法进行修订。近些年，这一类标准也越来越多地出台，指导工农业生产和国民经济社会发展。

所谓节能，即是尽可能地减少能源消耗量而生产出与原来同样数量、同样质量的产品，或者以原来同样数量的能源消耗量，生产出比原来数量更多或数量相等但质量更好的产品。成立于 1924 年的世界能源委员会（WEC）对节能的定义是：“采取技术上可行、经济上合理、环境和社会可接受的一切措施，来提高能源资源的利用效率。”综合利用则是对物质资源效能的充分利用，它是指充分合理地利用物质资源，使有限的物质由无用、少用变为有用、多用，或使有害变为有利，做到物尽其用，减少浪费的一种经济技术活动。垃圾发电就是综合利用的典型范例。

此类标准的内容应结合国家、行业、产业政策，具体细化相应技术指标，做到通过标准的实施，达到有效节约资源与合理利用资源的目的。电力标准中 GB/T 32127《需求响应效果监测与综合效益评价导则》、DL/T 1052《电力节能技术监督导则》等都可以划归为节能综合利用标准一类。

7. 管理技术标准

为规范组织生产、经营、管理活动的相关标准为管理技术标准。管理是指通过实施计划、组织、领导、协调、控制等协调他人的活动，使之实现组织的既定目标的活动过程。“管”的汉语本意为细长而中空之物，其四周被堵塞、中央可通达，闭塞为“堵”、通行为“疏”。“管”表示有堵有疏、疏堵结合，既包含疏通、引导、促进、肯定、打开之意，又包含限制、规避、约束、否定、闭合之意；“理”的本义为顺着玉的纹理进行剖析，代表事物的道理和发展的规律，包含合理、顺理的意思。“管理”犹如治水，顺应规律、疏堵结合，是合理地疏与堵的思维与行为。20 世纪初，美国人弗雷德里克·温斯洛·泰勒发表了《科学管理原理》，从而产生了古典管理理论。管理学至今历经古典管理理论、现代管理理论和当代管理理论三个发展阶段，对现今的企业管理产生了深刻的影响。古典管理理论将管理看作任何有组织的社会必不可少的因素，

认为管理即是协调集体、努力达到目标、取得最大成效的过程。现代管理理论产生于第二次世界大战之后，是一个知识体系、一个学科群，它的派别众多，基本目标是要在不断急剧变化的现代社会面前，建立起一个充满创造活力的自适应系统。当代管理理论则更加重视管理的实践，通过实践反哺理论研究，与行为科学、文化建设等相融合，将理论推向一个新的阶层。这三个理论的发展阶段并不能截然分开，也不是前一阶段结束后，下一阶段才开始。事实上，各种管理理论的产生虽然有先有后，但在产生之后却是并存发展，且相互借鉴、互相影响。至今，对于什么是管理，不同的组织、专家和学者们仍然各抒己见，尚没有统一的表述。

管理标准中的内容通常是针对该项管理活动全过程中的各要素进行阐述和提出切实可行的要求，能量化的应尽可能定量化。电力标准如GB/T 14541《电厂用矿物涡轮机油维护管理导则》、DL/T 1004《电力企业管理体系整合导则》、T/CEC 181《电力企业标准化工作　评价与改进》等可以划归为管理标准的范畴。

8. 环境保护标准

为保护环境和有利于生态平衡而对大气、水体、土壤、噪声、振动、电磁波等环境质量、污染治理、监测方法及其他事项而制定的标准。人类生存的空间及其中可以直接或间接影响人类生活和发展的各种自然因素和人为因素称为环境，包括自然环境、社会（人文）环境和心理环境等，它囊括了对人发生影响的一切过去、现今和将来的人、事、物等全部社会存在。自然环境又称地理环境，即人类周围构成自然环境总体因素的自然界，包括大气、水、土壤、生物和岩石等。社会环境指人类在自然环境的基础上，为不断提高物质和精神文明水平，在生存和发展的基础上逐步形成的人工环境，如城市、乡村、矿区等。心理环境是德裔美国心理学家库尔特·勒温首先提出的，是指某一时刻与个体有关的所有心理上的环境因素。不同派系的心理学家对心理环境的构成、存在和内容等也有不同的认识。2014 年 4 月 24 日修订通过的《中华人民共和国环境保护法》对环境作了如下表述：“环境，是指影响人类生存和发展的各种天然的和经过人工改造的自然因素的总体，包括大气、水、海洋、土地、矿藏、森林、草原、湿地、野生生物、自然遗迹、人文遗迹、自然保护区、风景名胜区、城市和乡村等”。人们在环境保护中最多谈到的资源包括：

● 三大生命要素：空气、水和土壤。

● 六种自然资源：矿产、森林、淡水、土地、生物物种、化石燃料（石油、煤炭和天然气）。

● 两类生态系统：陆地生态系统（如森林、草原、荒野、灌丛等）与水生生态系统（如湿地、湖泊、河流、海洋等）。

● 多样景观资源：如山势、水流、本土动植物种类、自然与文化历史遗迹等。

这些都是人类赖以生存的必备资源，正因为这些资源的脆弱性和不可重复、不可再现的特性，保护环境已经成为当今全世界最重要的热点问题和国际合作内容之一。

1972 年 6 月 5 日联合国在瑞典首都斯德哥尔摩召开人类环境会议，通过了《人类环境宣言》，并提议将每年的 6 月 5 日为“世界环境日”。同年 10 月，第 27 届联合国大会通过决议接受了该项建议。世界环境日的确立，反映了世界各国人民对环境问题的认识和态度，表达了我们人类对美好环境的向往和追求。

电力生产与环境关系密切，水力发电对流域的影响、火力发电排放物的处置、供电系统产生的电磁波等都是电力生产中对环境可能产生影响而需要关注的焦点。如何合理确定环境指标，既促进电力生产、保障能源供给，也能很好地保护我们的环境，是电力工作者和电力标准化从业者面临的重要课题与任务。环境保护标准包含环境因素分析、测量、监管、控制、治理等内容。电力标准如 DL/T 382《火电厂环境监测管理规定》、DL/T 1281《燃煤电厂固体废物贮存处置场污染控制技术规范》等均可划归为环保标准类别之内。

从标准类别的划分来说，还可以有很多方法和归类，其他如卫生标准是为保护人的健康，对食品、医药及其他方面的卫生要求提出的标准。“卫”系指卫护、维护；“生”即生命、生机，卫生即卫护人（动物）的生命，维护人（动物）的健康，是为增进人体健康，预防疾病，改善和创造合乎生理、心理需求的生产环境、生活条件所采取的个人的和社会的卫生措施。电力标准中如 DL/T 325《电力行业职业健康监护技术规范》等是为卫生标准类别。

9. 岗位标准

是企业为落实产品实现标准和相关管理标准的要求，以岗位作业为标准化对象和标准构成要素，确定该岗位工作关系、内容、方法以及考核要求的标准。在人类的生产与服务提供过程中，任何一项活动都离不开人的直接参与，而由人所构成的岗位则是一个组织最基本的元素，岗位标准即是要求个体完成的一项或多项职责与任务以及为此赋予个体的权利的要求或规则。岗位标准通常是企业人力资源管理部门和从事具体岗位的员工工作的重要依据性文件。

10. 工程建设标准

这是一类由于我国行政管理部门分工职责不同产生的特殊的标准类别。工程建设是人类文明发生发展的重要基础性经济活动，是规划设计、勘测、建设施工、设备安装、装饰装修等工程项目的新建、改建和扩建，形成固定资产的基本生产过程以及与之相关的其他建设工作的总称。由于工程建设涉及面广泛、过程复杂、专业面宽，其产品（建筑物、构筑物）对人类生产生活的影响重大且持久，因此从国家到企业甚或到个人，对工程建设的可行性研究、实施、过程、验收以及质量、交付、使用等都极为重视，指导其活动的标准内容和指标往往也因而得到广泛的关注。北宋时期的李诫所编著的《营造法式》即是我国历史上著名的工程建筑标准规范。在电力工业的生产过程中，涉及工程建设过程的标准通常包括规划、勘测、设计、施工、安装和部分调试内容等。此外、工程建设标准也有大量基础标准、方法标准、环保标准、节能综合利用标准、安全标准等存在。从标准管理的角度上，工程建设标准是由国务院工程建设的行政主管部门（目前是住房和城乡建设部）会同相关标准化管理机构（国家标准化管理委员会、国家能源局等）进行管理，其中国家能源局是负责电力行业标准的行政主管部门。

工程建设国家标准的编号（顺序号）为 50000 以上，电力行业标准编号是 5000 以上，如 GB 50260《电力设施抗震设计规范》、GB 50613《城市配电网规划设计规范》、DL/T 5732《输电线路大跨越工程施工质量检验及评定规程》等。非工程建设的国家标准、行业标准的编号是按流水号顺序编排。中国电力企业联合会的团体标准仿照电力行业标准进行类别划分和编号。在编写工程建设类标准时，其内容宜根据其所涉及的范围（设计或施工等）进行全过程的描述，如土建施工、设备安装、启动调试等。有时，工程建设类标准也常常与方法标准相交融，此时主要看标准编写人和标准的使用者对标准类别划分的认识与理解，如何划分标准类别以不影响标准的应用为前提。

与标准化本身发展一样，随着人们对客观世界认知的深入，新的标准类别产生出来一点也不足为奇。

（三）从标准的约束性谈起

从法律谈起

标准和法律、行政法规都属于规范、约束人们社会行为或技术活动的特殊文件，但它们仍有着明显的区别。其一，前者多是针对技术活动（包括管理活动和工作作业活动）进行约束，而后者通常是针对社会行为进行约束；其二，按照国际通行的做法，前者以推荐或建议的形式为主，也即其约束性由标准的使用者进行甄别选择，用之则有约束，反之则无，但后者的约束力由国家强制力进行保障，所谓“有法必依、违法必究”；其三，在立法（定标）程序上各国的做法也不尽相同。然而，他们还是有很多共通的特点，多做一些了解，对我们理解标准可以有更

多的帮助和参考，因此先从法律谈起。

法律作为社会规则，是法典和律法的统称，其约束力是由国家制定或认可并以国家强制力保证实施的，反映由特定物质生活条件所决定的统治阶级意志的规范体系；由享有立法权的立法机关行使国家立法权，依照法定程序制定、修改并颁布，并由国家强制力保证实施的基本法律（我国由全国人民代表大会决定其制定和修改的法律）和普通法律（由全国人民代表大会常务委员会决定其制定和修改的法律）总称。法律可以划分为宪法、法律、行政法规、地方性法规、自治条例和单行条例等。宪法是国家法的基础与核心，法律是从属于宪法的强制性规范，是宪法的具体化，是国家法的重要组成部分。

成文于公元前 550 到 450 年的《摩西五经》成为基督教《旧约》的主体部分，其中最重要的是对习俗的记载，这显然是犹太先贤们注意到了习俗的重要性而加以收集。在中国，“少而好礼”的孔子也正是生活在那个轴心时代，而“礼”就是习俗。孔子曾说“先进于礼乐，野人也；后进于礼乐，君子也。”，是说礼乐的最初形式就是靠一般民众的互动，而在知道礼乐的存在后文化精英对之记录、揭示和提炼，形成了一般的社会规则——法律、规约和标准。

国家的出现使人类社会组织更为严密，社会生产力也有了长足发展，同时，也意味着社会已经复杂到不能光靠非强制性的“礼”或习俗解决可能出现的矛盾和冲突的阶段，于是法律产生。民间习俗表现为一种自然法，法律则表现为一种人为法，人为法仿效自然法而生成。以希腊文明为母本的西方文明和中华文明就是在这时有了分野。以古罗马为代表的西方文明的“法律”开始成为成文法的、活生生的表现，同时习俗被边缘化。法律不再杂乱无章、漫无边界，通过对法律梳理可以形成一个体系——法典，以规范人们的社会活动。其过程从西罗马时期开始，到被后人概括为“一个帝国、一个教会和一部法典”的东罗马优士丁尼大帝时期（公元 6 世纪）达到顶峰，其成果就是《国法大全》，给后世留下了体系化的大陆法系原始的宝贵遗产。较之晚了很多的以英国为主的普通法（英美法系）则肇始于 12、13 世纪。12 世纪的格兰维尔在其《论英格兰王国的法律和习惯》一书中，构建起了普通法的制度框架。而 17 世纪之初的爱德华·柯克提出的“王在法下”主张，被民众广泛接纳，最终形成了世界上影响广泛而深远的另一法律体系。“王在法下主张”与我国所谓的“王子犯法与庶民同罪”同义，彰示着法的崇高，但其在执行上却有极大的偏差。在我国，西汉的董仲舒把儒家思想与当时社会需要相结合，吸收和借鉴其他学派的理论，创建了一个以儒学为核心的思想体系，从而奠定了以“礼”或习俗为主旨的思想观念，这一模式在人们长期互动、试错和磨合中不断纠正、完善，成为中国人的一种交流沟通方式和宗（家）法风俗观念，并被当权者认可、推广和固化。“合礼”与“非礼”成为社会生活的依据与准则，这里“礼”既是民间习俗，也是儒家将习俗经典化的道德原则。“尊礼”的文化传承，形成“唯上是听、唯上是行”的思维模式，致使国人根深蒂固的思想观念中，对规则、契约的认可明显地弱于西方思维的现象形成，直到工业革命的巨浪冲击到我国时，近代的发展与全球化的交融才让我们有了一些清醒的认识和必要的变革，而这已经是 19 世纪后期甚至 20 世纪以后的事了。

法典是同一门类的各种法规经过整理、编订而形成的系统的法律文件。从目前考古发现，世界最早的成文法典是西亚乌尔第三王朝创始者乌尔纳姆颁布的《苏美尔法典》（又称《乌尔纳姆法典》），但由于历史的风化，该法典现仅为残存。公元前 18 世纪，位于幼发拉底河中游东岸的巴比伦国王汉谟拉比统一了两河流域，建立起了高度中央集权的奴隶制国家，且为了强化中央集权和镇压奴隶反抗，制定并颁布了著名的《汉谟拉比法典》，这是至今保存基本完好的世界早期的成文法典之一。19 世纪 20 年代初，已经成为囚徒的拿破仑在回忆他的一生时曾说过这样一段话：“我一生真正辉煌的，不是打了几十次胜仗，这些胜仗都在滑铁卢被抹去了；不过有一样东西不会被抹去，他将永垂不朽”。他所说的永垂不朽的业绩即是他于 1804 年 3 月 21 日签署的《法国民法典》。这部法典也被后人称作《拿破仑法典》，它奠定了资本主义法律体系的

基础，也是随后在世界众多国家广泛采用的大陆法系的鼻祖（另一法系即是英美法系）。

法律体系的建设也是随着时代的变化和发展而变化、发展的，这在我国法治建设过程中尤显突出。我国早在西周时期就开始运用判例法审理案件，当时称为“事”，“事”是法律规范的重心。所谓“议事以制，不以刑辟”，即选择以往的判例作为现时审判的依据，不预先制定成文法典；秦朝的“廷行事”就是法庭成例；汉朝的“决事比”就是判例，也是正式的法律形式之一。习俗与经典入法的过程被记载为“春秋决狱”，始于西汉董仲舒。与英国普通法形成几乎同时期的宋代，出现了《熙宁断例》《元丰断例》等案例汇编，在司法实践中广泛使用；到明清两代，判例的作用与地位更为重要，清同治九年编成的《大清律例》汇集了 1892 个案例作为案件审理的依据，出现了律、例并行的局面。这些法律现象的存在，是由于我国长期以来以儒学作为国家正统的统治思想，以宗（家）族自治为核心的治理体系下的践行。进入 19 世纪后半叶，国家遭受到鸦片战争等外族入侵的一系列屈辱，于是前辈的爱国志士奋起图强变革，学习和引入西方和日本的先进做法，以期改变国家积贫积弱的现状。于是，自民国为始，在法律制度和体系建设上转向并采用了大陆法系。当代中国（除香港特别行政区外）法律体系采用大陆法系，其特点是一般不存在以先例为据进行决案的判例法，而是以宪法为核心的制定法形式，辅以单项法律文件构成较为完整的成文法体系。这些成文法体系包括宪法、行政法、民法、商法、刑法、民事诉讼法、刑事诉讼法等。宪法是一个国家的根本法，其主要功能是确定国家的基本制度和社会制度原则。1787 年由美国制宪会议制定和通过，于 1789 年 3 月 4 日生效的美国联邦宪法是世界上最早的成文宪法，该宪法由序言和 7 条正文组成，成为各国随后效仿的样板。

我国社会主义法律按其来源或所属（渊源）可分为以下几类。

1. 宪法

宪法是由全国人民代表大会依特别程序制定的具有最高效力的根

本法，是集中反映人民的意志和利益，规定国家制度、社会制度的基本原则，具有最高法律效力的根本大法，其主要功能是制约和平衡国家权力，保障公民权利。中华人民共和国第一部宪法于 1954 年 9 月 20 日经第一届全国人民代表大会第一次会议审议全票通过，因其在 1954 年颁布，故称为“五四宪法”。

2. 法律

法律是指由全国人民代表大会和全国人民代表大会常务委员会制定颁布的规范性法律文件，即狭义的法律，其法律效力仅次于宪法。法律分为基本法律和一般法律（非基本法律、专门法）两类。基本法律是由全国人民代表大会制定的调整国家和社会生活中带有普遍性的社会关系的规范性法律文件的统称，如刑法、民法、诉讼法以及有关国家机构的组织法等法律。一般法律是由全国人民代表大会常务委员会制定的调整国家和社会生活中某种具体社会关系或其中某一方面内容的规范性文件的统称。其调整范围较基本法律小，内容较具体，如商标法、电力法、标准化法等。

3. 行政法规

行政法规是国家最高行政机关（国务院）根据宪法和法律就有关执行法律和履行行政管理职权的问题，以及依据全国人大的特别授权所制定的规范性文件的总称。其法律地位和法律效力仅次于宪法和法律，但高于地方性法规和法规性文件。

4. 地方性法规

地方性法规是指依法由有地方立法权的地方人民代表大会及其常委会就地方性事务以及根据本地区实际情况执行法律、行政法规的需要所制定的规范性文件。有权制定地方性法规的地方人大及其常委会包括省、自治区、直辖市人大及其常委会、较大的市的人大及其常委会。较大的市，指省、自治区人民政府所在地的市，经济特区所在地的市和经国务院批准的较大市（如青岛、厦门等）。地方性法规只在本辖区内有效。

5. 规章

国务院各部、委员会、中国人民银行、审计署和具有行政管理职能的直属机构，以及省、自治区、直辖市人民政府和较大的市的人民政府所制定的规范性文件称规章。其内容限于执行法律、行政法规，地方法规的规定，以及相关的具体行政管理事项。

6. 民族自治地方的自治条例和单行条例

根据《宪法》和《民族区域自治法》的规定，民族自治的地方人民代表大会有权依照当地民族的政治、经济和文化的特点，制定自治条例和单行条例，其适用范围是该民族自治的地方。

7. 特别行政区的法律法规

宪法规定“国家在必要时得设立特别行政区”。特别行政区根据宪法和法律的规定享有行政管理权、立法权、独立的司法权和终审权。特别行政区同中央的关系是地方与中央的关系，但特别行政区享有一般地方所没有的高度自治权，包括依据全国人大制定的特别行政区基本法所享有的立法权。特别行政区的各类法的形式是我国法律的一部分，是我国法律的一种特殊形式。特别行政区立法会制定的法律也是我国法的渊源。

8. 国际条约和行政协定

国际条约和行政协定是指我国与外国缔结、参加、签订、加入、承认的双边、多边的条约、协定和其他具有条约性质的文件（国际条约的名称，除条约外，还有公约、协议、协定、议定书、宪章、盟约、换文和联合宣言等）。这些文件的内容除我国在缔结时宣布持保留意见不受其约束的以外，都与国内法具有一样的约束力，所以也是我国法的渊源。行政协定是指两个或两个以上的政府相互之间签订的有关政治、经济、贸易、法律、文件和军事等方面内容的协议。国际条约和行政协定的区别在于：前者以国家名义签订，后者以政府名义签订。我们国家和政府一旦与外国或外国政府签订了条约或协定，所签订的条约和协定对国内的机关、组织和公民同样具有法律约束力。

经济社会是用社会学的方法研究社会经济发展规律的概念。经济是社会发展的根本动力，但社会范围内的经济发展并不是自发完成的，经济发展所需要的人力、物力、财力等社会资源在全社会范围内的有效配置与合理流动，关系到人类整体和长远利益的经济发展战略、政策以及其他公共政策的制定，正常的经济秩序的形成和维持，旧的经济体制的变革和新的经济体制的建立等。这一切都需要良好的政治体制、合法的政治权力、强大的决策与领导力、广泛的社会动员能力、充足的可分配资源、权威的公共政策等和共同参与和支持。建立健全政治法律制度，依法治理国家、管理经济和各项社会事业，是经济社会发展的必然要求。法制的产生和运行基于经济发展的现状和进一步发展的要求，经济的健康、公正、有序和持续发展只能依靠法制来保证和推动。

谈谈标准的约束性

法律、行政法规和标准一样都属于规范、约束人们社会行为或技术要求的特殊文件。一般来讲，这三种文件的约束力依次降低。《标准化法》规定，我国的标准按其约束力的强弱分为强制性标准和推荐性标准，通常认为强制性标准具有与行政法规同等的约束力。

1. 推荐性标准

按照国际惯例，绝大多数标准是推荐性的，标准的使用者根据其需要自愿执行和遵守标准。虽然标准是自愿性执行的约束性文件，但标准使用者不符合或违反标准所约定的要求时，标准使用者要自己承担其不符合或违反标准所产生的后果。标准作为成熟的技术文件，通过立项的审议、编制各阶段的审定、权威机构的颁布以及出版过程的审核等，方可使之生效。相对于标准形成时的技术水平和共同认知，具有科学、准确、完整和可操作的特征。因此，尽管绝大多数标准是自愿采用（推荐性）的，但仍为广大标准使用者所认可。由此，标准对技术进步的推动作用也是一般文件无法替代的。

所谓推荐性标准，很多情况下并不如一般理解的那样，以为是否使用推荐性标准具有很大的选择自由。在以下条件下，推荐性标准与强制

性标准一样是必须遵守和执行的：

● 行政部门明确规定做某事必须遵循的标准。

● 写入合同的标准，与合同执行有关的各方都必须遵守。

● 在大多数情况下，由于市场竞争和客户从众心理而产生的压力往往迫使企业强制执行某些标准，尽管这些标准可能是推荐性标准甚或是标准化指导性技术文件。

● 对于企业而言，纳入企业标准体系的标准都应遵守执行。

例如，写一封国内的普通信函，横排版式信封填写的规则按照自上而下、自左而右的填写要求依次为目的地的邮编、目的地的地址、收信人、寄信人地址、邮编等。您不按此要求写信封可以吗？当然是可以的，例如委托熟人捎带一下也可。但是，如果您不按此规则填写信封，又要通过邮寄的方式传递，便会产生“死信”而无法送达，原因是信封写法的标准虽然是推荐的，但由于所提供的信息不清晰、不准确，邮递人员无法准确将信送达，其后果也只能是未按标准要求填写信封的寄信人自己承担了。这就是未执行推荐性标准的后果，不执行标准者要承担不执行标准而产生的结果和风险。而当推荐性标准被法规等加以引用时，尽管标准本身性质未变，但由于法规的强制性属性，推荐性标准也应严格执行。

2. 强制性标准

在一些国家，强制性标准又称技术法规或国家强制性标准文件。2017 年 11 月 4 日修订的《标准化法》第二条明确：“强制性标准必须执行。”其意是，无论是个人、企业，还是其他组织，在生产经营或贸易等社会活动中，凡涉及强制性标准的，必须严格遵守相关强制性标准的要求和规定。《标准化法》第十条规定：“对保障人身健康和生命财产安全、国家安全、生态环境安全以及满足经济社会管理基本需要的技术要求，应当制定强制性国家标准”。新的《标准化法》修订后，在我国仅国家标准可以制定强制性标准，行业、地方都不可再制定强制性标准。

人身健康是指一个人在身体、精神和社会等方面都处于良好的状态。

人身健康包括两个方面的内容：一是主要脏器无疾病，身体形态发育良好，体形均匀，人体各系统具有良好的生理功能，有较强的身体活动能力和劳动能力，这是人身健康最基本的要求；二是有较强的疾病抵抗能力，能够较好地适应环境的变化、各种生理的刺激以及致病因素对身体的作用。西汉初年，淮南王刘安招集门客编撰了杂家名著《淮南子》，第一次提出将生命分为“形气神”三要素，“形”是生命的载体，“气”是生命的能量，“神”是生命的主宰，后人用“精”代替了“形”，更准确地表达了健康人的特征，“精、气、神”是人身健康的要点所在。传统的健康观是“无病即健康”，随着时代的发展，现代的健康观已经发展为整体健康，即国际卫生组织（WHO）提出的人身健康的四个层面：身体健康、心理健康、社会适应良好、道德健康；身体健康是生命的保障。

财产是人、组织、国家受法律保护的权利，通常有两种分类方法：其一是将财产分为有形财产（又称“有体物”），如金钱、物资、房屋、土地等；无形财产（又称“无体物”），如债权、知识产权、虚拟财产权等。其二是分为动产（如货币、物资），不动产（如房屋、土地），知识财产（如艺术作品、文学作品、商标、发明）等。财产所有人依法对自己的财产享有、占有、使用、收益和处分的权利；任何人不经财产所有人的许可不得使用该财产，否则就是非法侵犯权利；财产所有人可以是自然人，也可以是诸如公司这样的法人。

国家安全是国家的基本利益，是一个国家处于没有外部的威胁和侵害，也没有内部的混乱和疾患的客观状态。2015 年 7 月 1 日，第十二届全国人民代表大会常务委员会第十五次会议审议通过，中华人民共和国第 29 号主席令公布的《中华人民共和国国家安全法》第二条表述如下：“国家安全是指国家政权、主权、统一和领土完整、人民福祉、经济社会可持续发展和国家其他重大利益相对处于没有危险和不受内外威胁的状态，以及保障持续安全状态的能力。”当代国家安全包括国民安全、领土安全、主权安全、政治安全、军事安全、经济安全、文化安全、科技安全、生态安全、信息安全 10 个方面的基本内容，其中最基本、最核心的是国民安

全。其后，又有学者对当代国家安全体系的构成要素进一步完善，提出国民安全、国域安全、主权安全、政治安全、军事安全、经济安全、文化安全、科技安全、生态安全、信息安全、资源安全、社会安全 12 种国家安全概念。国家安全涉及每个国家公民的福祉，是人民幸福生活的基本保障。

生态环境是指影响人类生存与发展的自然环境（如水资源、土地资源、生物资源及气候资源等）、经济环境和社会文化环境的数量与质量的总称，是关系到社会和经济持续发展的复合生态系统。生态环境是生态和环境的组合。生态环境组合成为一个汉语词汇可以追溯到 1982 年五届人大第五次会议。会议在讨论中华人民共和国宪法修改和当年的政府工作报告时，使用了保护生态环境平衡的提法，最终形成了第四部《中华人民共和国宪法》第二十六条："国家保护和改善生活环境和生态环境，防治污染和其他公害。"生态一词源于古希腊，原本是指一切生物的状态，以及不同生物个体之间、生物与环境之间的关系。德国生物学家 E. 海克尔 1869 年在研究动物与植物之间、动植物及环境之间相互影响时，首次提出生态学的概念，从而诞生了一门新的学科。环境通常是相对于某一中心事物而言的，例如人类社会是以人类的自身发展为中心。因此，环境可以理解为人类生活的外在载体或围绕着人类生存与发展的外部世界，是人类赖以生存和发展的物质条件和人文条件的综合体。如前文所言，人类环境通常可以分为自然环境、社会环境和心理环境。

以上这些要素在人类社会发展过程中均需要建立一个共同遵循的平台，以保证其公平、公正、规范和有序。以国家强制性标准确定，可以确保其权威性。《标准化法》还明确了强制性标准的产生要求："国务院有关行政主管部门依据职责负责强制性国家标准的项目提出、组织起草、征求意见和技术审查。国务院标准化行政主管部门负责强制性国家标准的立项、编号和对外通报。……强制性国家标准由国务院批准发布或者授权批准发布。"由此要求可以看出，在我国强制性标准实际上是政府的职责所在，标准化专业技术委员会辅助政府做具体的工作。强制性标准的对外通报是国际惯例，按照世界贸易组织（WTO）的有关要求，强制性标准从立项起即应向各成员国告知，从而避免贸易壁垒。按照国际惯例，涉及以下五个方面的内容可属技术法规（强制性标准）范畴：

- 国家安全；
- 防止欺诈；
- 保护人身健康和安全；
- 保护动植物生命和健康；
- 保护环境。

1990年4月6日国务院发布的《中华人民共和国标准化法实施条例》规定，涉及以下八个方面的属于强制性标准：

- 药品、食品卫生、兽药标准；
- 产品及产品生产、储运和使用中的安全、卫生标准，劳动安全、卫生标准，运输安全标准；
- 工程建设质量、安全、卫生标准以及国家需要控制的其他工程建设标准；
- 与环保有关的污染物排放标准和环境质量标准；
- 重要的通用技术术语、符号、代号、制图方法；
- 通用的试验、检验方法标准；
- 互换配合标准；
- 国家需要控制的重要产品质量标准。

虽然《标准化法》已于 2017 年进行了修订，但政府并未出台针对新《标准化法》提出的实施条例或释文细则。因此，在提出国家标准编制项目时，参考上述要求甄别、选择和确定标准是否强制是可以考虑的。对于企业而言，企业标准均要求强制执行。

标准化指导性技术文件是我国特有的一类特殊的标准文件。1998年12月24日，由国家质量技术监督局制定颁布的《国家标准化指导性技术文件管理规定》予以明确。该规定第二条指出："指导性技术文件，是为仍处于技术发展过程中（如变化快的技术领域）的标准化工作提供指南或信息，供科研、设计、生产、使用和管理等有关人员参考使用而

制定的标准文件。”标准化指导性技术文件的约束性较标准而言更弱，在编写标准化指导性技术文件时，前言中应注明：“本指导性技术文件仅供参考。有关对本指导性技术文件的意见和建议，向相关部门反映”。其中，电力行业标准（非设计类）和中国电力企业联合会颁发的团体标准的相关部门为中国电力企业联合会。

编制标准化指导性技术文件的背景主要有两个：一是技术尚在发展中，但在技术的发展过程中，需要有相应的标准化文件引导其发展方向，或具有标准化价值但由于技术还在探索研究过程中，尚不具备制定为标准的项目，如 GB/Z 25320《电力系统管理及其信息交换　数据和通信安全》系列国家标准；二是采用国际标准化组织、国际电工委员会或其他国际组织的技术报告的项目，由于短时间内不知国际标准何时能颁布实施，而我国又急需统一相应的规则时，可以先编制标准化指导性技术文件，以指导生产建设的实际工作，待国际标准正式发布后再行转换，如 DL/Z 860.7510《变电站通信网络和系统　第 7-510 部分：变电站和馈线设备基本通信结构　水电厂建模原理与应用指导》。

谈谈标准衍生物

所谓衍生物，即演变而产生的物质，引申为从一个主要事物的发展中分化出来的相关联的新的事物。标准作为一种约束性的技术文件，在给予技术指南或规范过程行为时起着重要的作用。但在一些专业领域中，尚需要更为宏观或系统的指南，此时标准显得有些力不从心。由此，产生一些与标准相关的衍生物（文件），亦是标准应用中进一步的扩展。在这里仅谈谈一些最为常见的标准衍生物。

1. 白皮书（White Book 或 White Paper）

白皮书通常指具有权威性的报告书或指导性文件，封面采用白色，内容用以阐述、解决或决策。白皮书作为国际上公认的正式官方文书，讲究事实清楚、立场明确、行文规范、文字简练，没有文学色彩。

1965 年英国首先用“White Book”的形式发表了世界上第一个白皮

书《关于直布罗陀问题的白皮书》，以后各国纷纷效仿，作为政府、议会等公开发表的有关政治、经济、外交等重大问题的正式文件。White Book 或 White Paper 均译为白皮书，二者简单的区别是：通常 White Book 篇幅较长，内容更为重要和充实，主要是针对有关重大事务的官方报告书，而 White Paper 则主要指政府发表的包含背景材料的政治性的短篇幅报告，后者常常用于官方声明。除英国外，其他国家在使用 White Book 或 White Paper 时，往往未加严格区分。与白皮书相似，国际上还有蓝色封面的蓝皮书（如英国）、红色封面的红皮书（如西班牙）、黄色封面的黄皮书（如法国）、绿色封面的绿皮书（如意大利）等，这些文件其基本内涵相差无多。其中，使用白皮书和蓝皮书的国家最多。如今，定期发表的白皮书已经成为国际上公认的正式官方文书，作为一种惯例被广泛接纳与认可。我国首次正式发表的白皮书，是于 1991 年 11 月以中华人民共和国国务院新闻办公室名义发表的《中国的人权状况》。

以白皮书的形式以表正式官方文书的做法也被一些国际组织所借鉴，定期或不定期发表白皮书，用以广而告之该组织的关注点、技术发展趋势等重要信息。如标准白皮书是在国际标准化活动中演化而来的一种文件（标准）形式，通过对某一专业技术领域的深入研究，提出该专业技术领域标准发展的背景、过程、变化、趋势以及工作重点等，为未来该专业技术领域标准化需求提供一个方向性的指引，从而促进该专业技术领域标准化工作的开展。我国电力行业目前也已在部分专业标准化技术委员会开展了标准白皮书的探索工作，诸如《电力北斗标准体系白皮书》等，其主要关注于新兴前沿领域的技术及产业发展情况，分析技术路线、国内外产业格局、标准化发展与当前存在问题等，预测发展趋势并提出产业发展建议。配合专业标准化技术委员会标准体系建设、技术路线确定等，为标委会的发展提供引导，为其他关注该专业技术领域发展的政府部门、企业等组织提供借鉴和信息。

2. 技术路线图（Technology Roadmap）

技术路线图最早出现于美国汽车行业，20 世纪七八十年代摩托罗拉

公司和康宁（Corning）公司将其用于企业管理，20 世纪 90 年代末开始用于政府规划。

技术路线图是指应用简洁的图形、表格、文字等形式描述技术变化的步骤或技术相关环节之间的逻辑关系，它能够帮助使用者明确该技术领域的发展方向和实现目标所需的关键技术，厘清产品和技术之间的关系，具有高度概括、高度综合和前瞻性的基本特征。在技术路线图研究中，当前比较关注其具体应用，即将技术路线图的方法实际应用到具体领域，解决该领域的实际问题为主。

标准化技术路线图是一个过程工具，并将其统一到预期目标上来，针对某一专业技术领域进行深入、扎实的分析后，综合各种利益相关方的观点和认知，对该技术领域标准化现状、需求及发展趋势进行系统和充分的剖析，从而提出该领域标准化工作的重点、难点和关键点，为该技术领域未来标准化的发展方向、发展程序、发展能力和发展目标提供广泛认可的指导与引领。

我国电力行业开展的标准白皮书和标准化技术路线图的研究与探索，都是在电力标准化发展过程中与相关技术融合而产生出来的标准化的新方向和科研成果。在这些标准衍生物的研究过程中，标准化专业技术组织要与该专业技术领域的应用、现状、发展和趋势建立紧密的联系与对应关系，从而使研究的成果与实际应用不产生偏离，为未来该专业技术领域的标准化需求提供指南。随着时间的推进和技术的发展，标准白皮书和标准化技术路线图也在不断地修正和完善，从而能够更加准确、高效地为该技术领域的标准化发展服务。技术路线图的探索与研究不仅仅在专业技术组织中，发动企业开展技术路线图的探索和研究，是鼓励各业务部门和员工对未来技术发展和前景给予关注，给企业一种组织预测的工具，提供一种沟通的方法，更好地识别和传达重要技术发展方向，从而了解技术的变化在企业发展过程中的作用和影响，为企业转型与持续发展奠定基础。

我国电力行业自 2016 年起就开展了这方面的探索，目前，在电动汽车充电设施、高压交（直）流等专业技术领域已率先开展了标准化技术路线图的研究和编制。图 1 给出了特高压交（直）流标准技术路线框架图，这里不再展开赘述。

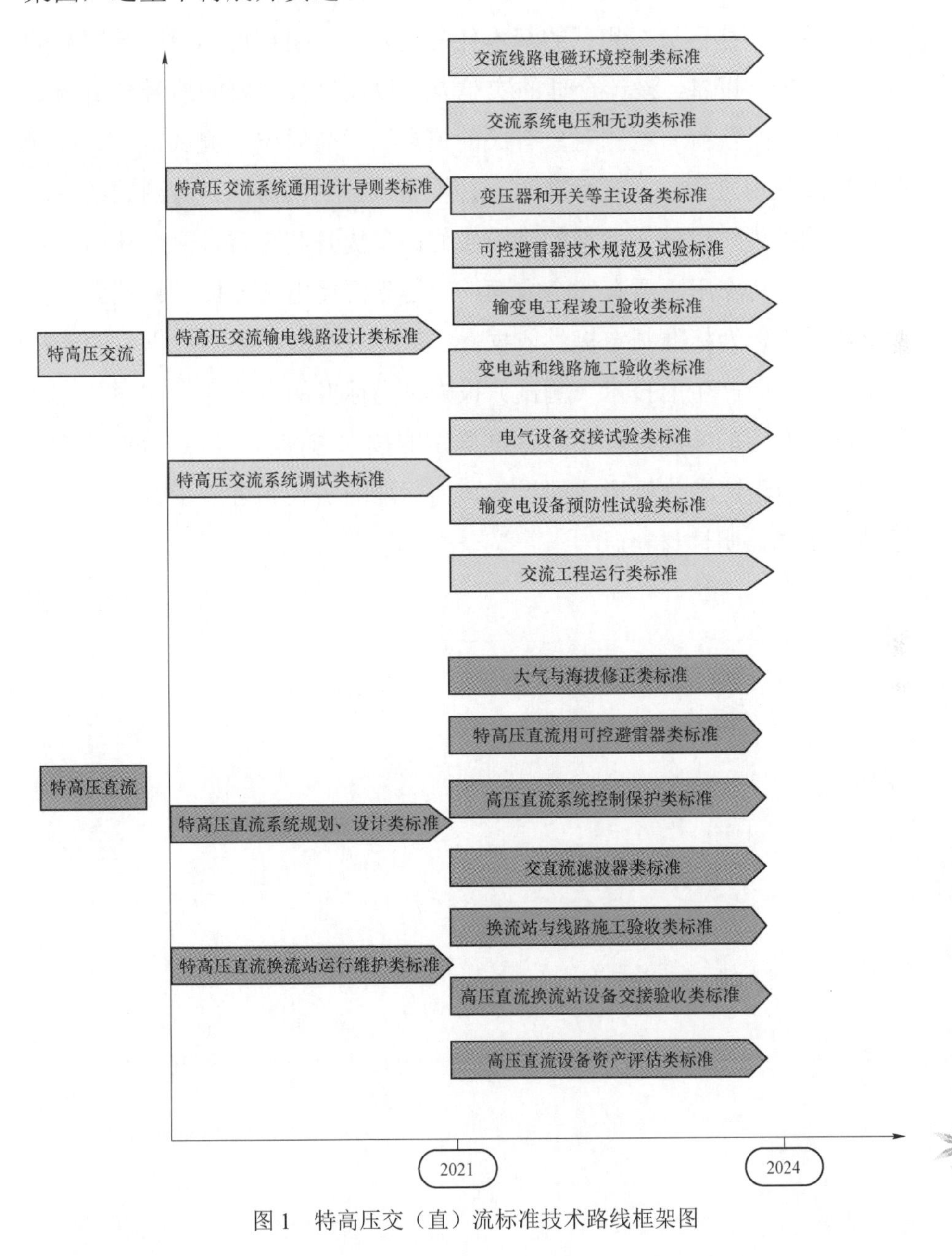

图 1　特高压交（直）流标准技术路线框架图

3. 技术（测试）报告

技术（测试）报告是一类重要的标准衍生物，测试是具有试验性质的测量，即测量和试验的综合。由于测试和测量密切相关，在实际使用中往往并不严格区分，测试的基本任务就是获取有用的信息，通过借助专门的仪器、设备，设计合理的实验方法以及进行必要的信号分析与数据处理，从而获得与被测对象有关的信息。标准的技术测试是针对标准在编制或应用过程中，对标准的一种检验或证明的方法。对测试结果形成分析的报告，以便于标准的进一步修改、提升和完善，促进其更符合生产实际。其作用主要有三个方面：一是分析提出某一技术领域新的技术路线方案，为标准制定提供依据；二是针对标准在编制过程中的一些实验、验证而产生的技术（测试）报告，为标准的完善提供支撑；三是在标准发布后的实施过程中将标准确定的技术指标与实际进行的比对、测试、试验验证和分析形成的报告，为标准的实施和进一步改进、修订提供依据或证明性材料。

第三篇

从标准化谈起

从标准的应用谈谈认证

工业革命之后的社会生产模式发生了巨大的变革，社会化大生产是现代生产方式的显著特征。在这样社会大合作的模式下完成产品的生产、消费、应用到废止的全过程中，标准成为不可或缺、举足轻重的内容。社会化大生产使得任何一个组织都不可能将一个产品从原材料开始到产品交付全过程的提供给消费者。例如，一个瓷质茶杯的生产大体有选矿、取土、配料、研磨、拌和、成型、修坯、装饰、素烧、上釉、烧制、检验、包装、运输、交付等过程；每一个过程也不简单是一个工序就可以完成的，都有其自有的特点、内容和要求。例如上釉，要经过釉料选择、煅烧、粉碎、过筛、淘洗、沉淀、过滤、调制等过程方可完成釉彩的制作，再有根据客户或设计需要进行绘制等过程；每个过程中特定的要求——标准是完成这一过程的关键。如瓷器的烧制温度应控制在1300～1400℃范围之内，低于1300℃则是制陶的标准了，而过高则可能产出废品。将生产过程细分为若干不同工程，各司其职，是现代工业化生产最为通用的做法，于是在分工下的顺畅合作就显得尤为重要。通过这样的社会分工合作生产一个产品，既可以专业化生产，又减少了资源的浪费，符合经济社会发展。由此可见，对分工和各专业生产提出协同配合的要求是标准最为显见的用途之一。

如何确定产品是否符合相应的标准要求呢？认证是国际通行的做法。认证起初是指法官在认定证据材料的证明效力活动中应遵守的规则，这里是指由认证机构证明产品、服务或管理体系符合相关技术标准要求或者标准的合格评定活动。认证是基于产品是否满足标准要求的判定活动。而企业的生产活动、过程是否满足标准的相关要求通常也被称为审核或确认。“为获得客观证据并对其进行客观的评价，以确定满足审核准则的程度以进行的系统的、独立的并形成文件的过程”是为审核。“通过提供客观证据对特定的预期用途或应用要求已得到满足的认定”是为确认。无论审核还是确认，其方法均是对活动或组织与相关（标准的）要求满足程度一致性进行的判断、分析后所得出结论的评价过程，这一过程通常以文件的形式予以确定。

19 世纪末，随着资本主义市场经济的成熟，特别是随着科学技术的发展，新产品层出不穷，且越来越复杂；普通消费者在购买产品时自行鉴别产品质量的能力受到了严峻的考验，甚至已不可能。与此同时，对于涉及人身安全、健康的产品实行政府控制，以保证社会秩序正常运行的要求也被提出。1903 年，英国以国家标准为检验依据，创立了世界上第一个认证标志，用于对钢轨制造符合质量标准的认可。此后数年，各早期工业国家纷纷效仿，建立起以本国标准为依据的认证制度。第二次世界大战结束后，国际贸易迅速增长，世界经济格局呈现出国际化的大趋势。在这种情况下，基于本国自身的认证制度的局限性暴露出来，一些国家的政府为了推动本国产品的出口，开始谋求双边乃至多边的认证制度的建立。以区域性标准为依据的认证制度首先在欧盟出现，这种区域性的认证制度克服了各成员国之间标准不统一和管理技术上的差异，简化了贸易手续，促进了产品交换，保护了各成员国的利益，但对非成员国却形成了非关税贸易壁垒。在这种背景下，国际电工委员会（IEC）开始考虑建立国际性的质量评定制度。1976 年，IEC 成立认证管理委员会（CMC），设计完成了电子元器件国际标准认证制度的基本章程和程序规则。受世界贸易组织（WTO）关贸总协定的影响，1971 年，国际标准化组织（ISO）也着手组建了认证委员会，并于 1985 年将认证委员会正式更名为合格评定委员会（CASCO），是 ISO 四个政策委员会之一（另外三个分别是消费者政策委员会、发展中国家事务委员会以及信息系统和服务委员会），开始从技术角度协调各国认证制度的内容，促进各国认证机构检验结果的相互认可，消除各国由于标准、检验、认证过程中存在的差异所带来的贸易困难，并进一步完善了国际性的认证制度。1986 年 9 月，关税贸易总协定部长级会议在乌拉圭的埃斯特角城举行，发起了旨在全面改革多边贸易体制的新一轮谈判——“乌拉圭回合”谈判。经过漫长的磋商，1994 年世界贸易组织结束的“乌拉圭回合”谈

判将质量认证扩展为“合格评定程序”。

除国际标准化组织、国际电工委员会的相关认证机构外，与我国有着密切关系的国际认证认可的有关组织还有国际认可论坛（IAF）。该组织是由管理体系、产品、服务、人员和其他类似领域内从事合格评定活动的相关机构共同组成的，致力于在世界范围内建立一套唯一的合格评定体系，并通过确保认证认可证书的可信度，减少商业及其顾客的风险的国际合作组织。国际人员认证协会（IPC），其前身为成立于 1995 年的国际审核员与培训注册协会（IATCA）。IPC 的宗旨是通过在世界范围内通过统一认证人员的培训及认证（注册）制度，统一认证人员的工作水平和能力，促进相互承认人员认证的结果，提高管理体系、产品等认证结果的国际互认。国际实验室认可合作组织（ILAC），其前身为 1978 年产生的国际实验室认可大会，宗旨是通过建立相互同行评审制度，形成国际多边互认机制，并通过多边协议促进对认可的实验室结果的利用，促进在国际贸易等方面建立国际合作，减少技术壁垒等。

在我国，国家认证认可监督管理委员会（简称认监委）是国务院授权的履行行政管理职能，统一管理、监督和综合协调全国认证认可工作的主管机构。该委员会的主要任务是制定我国的认证认可相关法规，并依法按照标准的要求开展认证认可活动，以及代表中国参与国际相关机构的活动等。2018 年 3 月，根据第十三届全国人民代表大会第一次会议批准的国务院机构改革方案，与国家标准化管理委员会一道划入国家市场监督管理总局，对外保留牌子。

认证的作用大体有：

- 指导消费者选购满意的商品；
- 给销售者带来信誉和利润；
- 节约大量重复的检验费用；
- 通过推行产品认证制度，提高产品质量；
- 推行强制性的安全认证制度，保护消费者人身安全和健康；
- 帮助生产企业建立健全有效的管理（标准）体系；

● 提高产品在国际市场上的竞争能力。

国际标准化组织（ISO）将产品认证定义为“是由第三方通过检验评定企业的质量管理体系和样品型式试验来确认企业的产品、过程或服务是否符合特定要求，是否具备持续稳定地生产符合标准要求产品的能力，并给予书面证明的程序。”按认证对象，又分为产品认证和体系认证两大类。其中，产品认证相对来说比较广泛，是证实某一产品或服务符合特定标准或其他技术规范的活动，如产品准入、CQC（中国质量认证中心）认证、CCC 国家强制性认证和 CE 欧盟安全认证等。体系认证是针对企业的管理体系或产品所做的标准化符合性的系统性评价，任何企业都可以根据自己的需求自愿开展，如 ISO 9001 质量体系认证、SA 8000 社会责任管理体系认证、诚信管理体系（信用评价）认证、“标准化良好行为”企业评价（确认）等。

认证按强制程度分为自愿性认证和强制性认证两种。中国强制性产品认证又名中国强制认证（China Compulsory Certification），简称 CCC 认证，是我国市场准入性的行政许可，为了保护国家安全、保护人体健康或安全、保护动植物生命或健康、保护环境等目的而设立的市场准入制度，它要求产品必须符合国家相关标准的要求。无论国内生产还是国外进口，凡列入 CCC 目录内且在国内销售的产品均需获得 CCC 认证。自愿性认证（又称非强制性产品认证）是根据组织本身或其顾客、相关方的要求自愿申请的认证，是对未列国家认证目录内产品的认证，是企业的一种自愿行为。由认监委批准的 CECC（中电联认证中心）是代表电力行业进行机电产品自愿性认证的第三方机构，是中国电力企业联合会所属唯一能同时进行体系认证和机电产品认证的机构，产品认证范围涵盖 20 大类电力工业所需产品。自愿性认证多是体系认证，也包括企业对未列入 CCC 认证目录的产品所申请的认证。

国际认证机构联盟（IQNET）是世界各国的王牌认证机构组成的最权威、规模最大、影响最广的国际认证机构联盟组织，中国质量认证中心（CQC）代表我国加入该联盟。CE 认证实际上是一种类似准入制度

的合格评定，CE 标志是安全合格标志而非质量合格标志，即只限于产品不危及人类、动物和货品的安全方面的基本要求。按照欧盟与欧洲自由贸易协会的有关国家的规定，纳入 CE 标志管理的产品，进入其市场的产品，必须获得 CE 标志。不同的产品获得 CE 的认可方式和要求不尽相同，而获得 CE 标志有自我符合性申明和认证机构认证证明的两种形式。欧盟与欧洲自由贸易协会的有关国家为保护消费者与工作者的健康、产品的状态与环境，建立并实施了一套指令制度，CE 标志是构成指令核心的主要要求。

一、标准化的概念

所谓标准化，可理解为一种全面普及推广的社会活动、一种过程。“化”字的基本解释是事物性质或形态的改变。“化”字放在名词之后，表示事物转变成该名词所表示的状态或形式，如现代化、合理化、机械化、自动化、信息化等。标准化以及其他任何“化”，作为一种社会活动，都应该是一种自觉的、有目的的、有组织的行为，这是因为人们对客观世界认识的深化和出于改造世界的目的使然。

标准化是在经济活动中衍生出来的满足自身需求的活动。早期，我们所说的标准化通常限定在技术（技术本身及与其相关的管理工作）领域，是在技术领域制定标准、使用标准的过程，但如果说标准化仅仅是这样，就不足以表达标准化的全部含义了。

随着人们对客观世界认知的深入，应用标准化理论或方法的领域也向企业管理的方面进行扩展，因而产生出来管理标准、岗位（工作）标准等领域的标准应用，这是标准“化”的最为理想的衍化物。其首先是所谓技术，乃是人类利用自然、改造自然的基本手段之一。人类通过不断的实践进行探索、研究和总结形成技术，并利用和实践之表达对自然的认识，达到改造自然的目的。技术既表现为物质形态——如工具设备等，又表现为精神形态——如知识经验等，甚至还有物质加精神的混合形态——如技术信息及其载体（也包括我们现在谈论的标准）等；技术又是科学和生产力的中间媒介，科学研究的成果转化成生产力或者生产经验上升为科学知识，都要通过技术手段来实现。可见，技术活动是人类发展以及与自然斗争的一项主要活动。所以，技术领域标准化也是一项全社会的活动。我们之所以强调标准化是个过程，主要是想说我们工作的着眼点主要应该放在过程本身，要不断完善每个阶段、每个环节上的标准化工作，而不能企图毕其功于一役，达到最终的完美。就和我们不能达到绝对真理一样，我们也不能终结标准化。这是因为技术的发展是没有止境的，不仅现有的技术会被更新，而且新技术也在不断涌现；同时，人们对客观世界的认识也会不断深化，今天认为不需要标准的地方，明天或许会有新的认识。新理论、新工艺、新技术、新方法、新产品的不断涌现，使标准化的需求和涉足的领域有无尽的拓展空间，标准化要反映这种发展、这种变化，于是在标准化探索的道路上便没有穷期了。因此，我们不赞成或者不能完全赞成用搞运动的形式来搞标准化工作，一时为了升级、达标或通过某种认证等目的都不能为标准化产生持久的动力。所以，我们说标准化是一个自觉的、没有尽头的过程，也是一项自觉的、范围广泛的社会活动。

与标准定义一样，在全球范围内最普遍使用的标准化的概念源自1982年ISO/IEC的第2号指南：

标准化（standardization）：为了在一定范围内获得最佳秩序，对现实问题或潜在问题制定共同使用和重复使用的条款的活动。

注1：上述活动主要包括编制、发布和实施标准的过程。

注2：标准化的主要作用在于为了其预期目的改进产品、过程或服务的适用性，防止贸易壁垒，并促进技术合作。

为了加深对标准化定义的理解，需要重点掌握以下几点：

标准化活动的内容——标准化活动主要是制定、发布、实施标准的过程，在我国，这个过程还包括对标准实施情况的监督检查。确定标准

化对象、按照标准产生的流程和要求编制出适宜的标准，是标准化活动最初的基本任务，也是标准化活动的基础和前提条件，标准化活动的内容由此展开。发布标准应当是“实施标准”的内容之一，是实施标准的基础和准备工作，实施标准则是标准化活动最重要、最核心的内容，标准发布的目的就是为了实施。标准通过发布，让相关人员了解标准的要求；通过对标准的实施，落实标准提出和确定的要求，从而使社会经济活动按照人们经协商一致达成的共识去做，以达到预期的效果。同时，标准的实施还是检验标准是否具有有效的现实指导意义的试金石。通过标准的实施，验证标准预期的效果与实际情况的符合性，进一步对标准修订和完善，使标准化活动持续健康地开展下去。需要特别提醒的是，这里的标准化活动是“过程”，而不是“结果”。

标准化活动的目的——获得最佳秩序。要通过开展标准化活动使市场经济活动以及企业的生产活动、经营活动、管理活动从无序或秩序欠佳的状态规范到有序或秩序甚佳的状态，从而可以做到以较少的投入获得尽可能大的便捷和效益。当然，标准化的目的还有促进安全和谐、减少资源浪费、提高生产效率、保护生态环境等作用。说到底，标准化的目的是获得社会化大生产的和谐一致与整体社会效益的提升。与标准的目的一致，标准化活动所获得的效益也有两个方面，一是经济的增值收益最大化，二是社会的利益争取最佳。

标准化活动是一个过程。如今，标准化已成为管理科学中的一种重要方法和分支，这一方法有其自身的规律。需要不断地随着科技的进步与发展探索标准化的最新变化，研究和确定标准化对象，按照事先确定的规则编制标准并在广泛征求意见的基础上，确定标准具体且可行的指标和要求，经由公认的机构颁布后实施，并在实施过程中根据客观世界的变化与发展不断地改进和完善有效标准、淘汰不适的标准，使之总是满足和适用于实际。在这一过程中，还要研究与标准相关的约束性文件（法规、标准化文件等），研究和策划配套的标准，使之成体系地运作和实施，从而达到和满足人们的要求与期望，通过对标准的修订完善规则。这是一个持续的、没有终点的过程，是在不断循环往复、不断适应、不断提高中寻得更佳的过程。

标准化的核心——使用标准。标准化活动有十分丰富的内容，但可以说标准化的几乎所有工作都是为了标准的使用。没有标准的使用就谈不上获得效益，就达不到标准化的目的。那些仅仅是为了制定标准而编写标准的做法是极不可取的。那些不能端正开展标准化活动的目的，而只想通过取得达标、认证证书，却不注重标准的真正实施和在标准实施过程中不断总结经验、完善标准的做法也是需要纠正的，深刻理解这一点具有非常重要的意义。

标准化是一个相对的概念，这包括三方面的含义。其一，所有的标准或标准体系都只是暂时地适应当时的科技水平与生产力现状，随着时代的发展、条件的变化、技术的进步，都会发生从适应到不适应的情况，因此要根据客观条件的变化随时修订和完善标准或标准体系，使之适应新的情况。这是标准化活动动态特征的一个方面，这种不断完善的过程推动标准化活动逐步向纵深发展。其二，标准化既然是一种社会活动，它就会和外部相关联的世界存在千丝万缕的联系。人们在认识外部世界的同时，自然会扩大认识标准化的眼界。今天不是标准化对象的事物，明天也许就需要制定一个标准来规范它。这是标准化活动动态特征的另一个方面。随着认识范围的扩展，标准化活动的内容不断得到丰富，标准化活动在广度上得到无止境的发展。其三，标准化活动只能在一定范围内开展，这是由标准化的局限性所决定的。所有标准都有一定的适用范围，在这个范围内全面开展标准化的各项工作，全面地实施标准，能够取得人们预期的目标与效果。任何标准化活动都不能包打天下，以为通过了三两个标准的认证就万事大吉的想法绝对是错误的。

二、标准化原理

关于标准化的基本原理历来有许多研究成果，不同的研究者和不同

的组织先后提出多种论点。其中，有一种五原理的说法：统一性原理、简化性原理、互换性原理、协调性原理、阶梯性原理；1972 年，英国人桑德斯在其《标准化的目的与原理》一书中总结出标准化的七条基本原理：

（1）标准化不仅是为了减少当前的复杂性，也是为了预防将来产生不必要的复杂性。

（2）标准的制定应建立在全体协商一致的基础上。

（3）在标准实施时，为了多数的利益而牺牲少数的利益是常有的。

（4）在制定标准时，最基本的活动是选择并将其固定之。

（5）标准在规定的时间内进行复审，必要时将其修订。

（6）制定产品标准时，必须对有关性能规定出能测定或测量的数值，必要时还应规定明确的试验方法和试验装置；需要抽样时，应规定抽样方法、样本大小、抽样次数等。

（7）标准能否以法律规定强制执行，应根据标准的性质、社会工业化程度、现行法律和客观情况慎重地加以考虑。

这七条标准化原理虽有其时代的局限性，但其多数对我们今天的标准化活动仍有着重要的借鉴作用。

日本的标准化学者松浦四郎 1973 年提出了十九条基本原理，由于太过专业而有悖于标准化实用的基本事实，显得过于复杂。被世界标准化界广泛接受的是我国标准化元老李春田教授提出的标准化四原理，即简化、统一、协调、优化原理。这一原理由于其准确、概括、精练、易记而得以广泛认同。

（一）简化原理

在一定的范围内精简标准化对象类型数量至相对合理的程度，以此来满足社会的一般需求。前文提到的法国人查尔斯·雷诺采用优先数原理对热气球上使用的绳索规格进行简化的方法就是这一原理的具体应用。

简化是事物发展的一般规律，事情总是从简单到复杂再到简单。简化为事物的发展提供空间，客观世界才能不断多样化。因此，简化总是在事物多样化发展到一定程度之后才进行。简化可以去除芜杂的事物，使事物容易统一，同时可以节约社会资源。简化不是简单地减少数量，而要着眼于满足经济社会的合理需求。简化虽然忽略了个性化的需要，但却可以组织规模化的生产，提高生产率，促进社会经济发展。标准化就是对事物进行简化的一种手段，在标准化领域简化的事例很多，如对产品规格的简化、对产品零部件的简化、对工艺过程的简化等。例如人们购置的鞋，在经过对中国人体大范围的调研和统计分析之后，确定了鞋的大小并简化分成不同的号码（不同国家有不同的要求），供消费者选择适宜的尺寸。

（二）统一原理

同类事物的多种表现形式归并为一种。在标准化领域，统一的着眼点在于通过提炼共性实现一致性，即用标准的形式使标准化对象的特征具有一致性。前文中提到量和单位的发展过程便是这一原理的体现。

统一的目的在于消除歧义和混乱，是互相理解和建立良好秩序的前提。标准化领域中对名词术语、符号、图形、指标、单位等的统一规定都是明显的例子。执行统一原理应仔细分析需要统一的对象，明确哪些特征可以统一，即这些特征是否表现充分，统一以后的特性是否能够代表被统一的对象的特性。同时注意研究统一的程度，即在什么范围内统一，需要统一到什么程度，应当留有怎样的自由度等。

（三）协调原理

标准及标准体系与各相关方面必须保持协调一致的原则。具体地讲，标准及标准体系与政策法规、标准体系与子体系、子体系之间、标准体系与标准、标准与标准之间都必须保持协调一致，不能发生抵触或龃龉等情况；执行协调原理的目的在于最大限度地发挥标准体系的整体

功能。体系内部协调一致，体系与外部约束条件相适应，是标准体系发挥整体功能的前提条件。就一个企业、单位而言，各部门之间、各专业之间、各工作环节之间，以及单位与外部环境之间的关系也可以用标准进行协调，保持彼此之间稳定、合理的连接与配合，以期发挥企业单位的整体功能。例如，变压器是电力生产过程中常见的设备，其制造厂家有相关的产品制造标准，而在使用过程中的运行、维护、检修也有相应的标准要求，制造者与标准使用方在标准要求上如果不能协调一致，便会给使用者带来难以想象的影响和不便。因为电力生产的技术高度密集的特点，设备设施众多，各专业需要紧密配合方能实现电力生产全过程，将电能安全可靠稳定地提供给电能的使用者。目前，由于科技的发展，专业技术相互融合、相互渗透的现象日益突出，标准间相互协调的问题愈发突出，从整体考虑、从体系入手，是开展标准化活动的有效方法。

（四）优化原理

优化原理的目的在于以最小的投入获取标准化的最大成果。择优趋优是人类发展历程中一个永恒的主题。在人类社会发展过程中，从原始社会走向封建社会，进而走向更为高级的社会组织形式便是人类在政治制度发展过程中的择优和趋优。在工业化的道路上，从早期靠人的手工劳作到机械化、半自动化、自动化，再到人工智能的引入也是一种择优的发展过程。标准化的优化原理是随着人类科技的进步，不断将科技成果转化为实际运用并加以固化，从而将科技成果推而广之，带动社会进步与向前迈进的过程。这一过程所伴随着的是标准化的创新发展，而创新发展是标准化永不停止的原动力。在优化原理的指引下，标准化活动有着不竭的广阔发展空间，这是因为人类对未知世界的探索有着无穷的渴望和追求。而这些探索不断丰富着标准化对象，使标准化活动总会面临新的领域去拓展。

三、标准化的作用

标准化的作用在于通过对标准化对象的深入研究，将现代科技发展的最新成果与实际的融合并纳入标准之中所产生的作用；通过对标准的发布，有目的地建立统一和一致的规则并广而告之所有与标准相关者了解和学习所产生的作用；通过对标准的有效实施，建立良好有序的社会经济秩序、保护环境、减少浪费、提高资源利用效率、促进安全生产、提升产品可靠性、保护消费者利益等，为社会化大生产大合作的有序和健康发展提供支撑所产生的作用；通过对标准实施的监督检查，保证标准的有效执行，充分发挥标准的约束和引领，促进社会化大生产的和谐发展所产生的作用。总之，标准化的作用是通过“化”而产生，也是通过“化”而实现的。

在这一过程，政府、行业组织、标准化专业机构和企业通力合作是必不可少的前提条件。政府建立健全相关规则，推动标准化工作的正常有序开展；行业组织深入研究本行业经济发展特点和科技发展趋势，为标准化专业机构提供切实可行的帮助，助力标准化专业机构标准的研发；标准化专业机构通过对标准化对象的研究与确定，将科技发展成果与现实的产业能力和实际有效对接，促进科技成果的转化，制定出符合实际需求的具有现实指导意义的标准，提供标准技术的咨询与帮助，为标准的实施奠定基础和提供保障；企业通过标准化活动的有效开展，落实标准的要求，并结合实际对标准的进一步修订与完善提供支撑性材料，促进标准化工作的改进和螺旋式上升，使标准化活动迈入有序健康的轨道。

在这些环节中，企业是标准化活动最重要最基本的要素，企业通过标准化活动的有效开展，可以将企业人力、财力、物力等重要资源进行整合，并与社会资源相结合，协调发展，建立起良好的生产经营和管理

秩序，生产出符合标准且满足消费者需求的产品，从而获得更大的经济效益，使企业受益。总之，标准化活动的开展是全社会共同的任务与职责，通过标准化活动的开展，使确定范围内的各项活动规范化、有序化，将各方资源整合为一个整体，提升科学管理水平，形成自动运转、有效配合的联动机制，最大限度地降低成本，合理利用资源。通过标准的协调作用，在各个相关联的环节之间建立起科学的、系统的、可控的连接，形成良好的运作秩序。标准化活动是现代化、社会化、专业化大生产的前提和必要条件。总而言之，标准化的作用在于：

● 现代社会化大生产的必要条件。现代社会化的大生产要以技术上高度的统一与广泛的协调一致为前提，标准化活动具备的科学性和约束性恰能满足这种统一与协调的需要。

● 实行科学管理的基础。标准为管理提供目标和依据；企业通过制定各种技术标准和管理标准能够保证管理系统整体功能的发挥；标准化使企业管理系统与企业外部约束条件相协调。

● 有利于先进的生产组织和制造技术的推广应用。标准化的通用化、系列化、组合化、模块化等形式有利于开展专业化协作；标准化的产品能够解决企业保持批量化生产与提供个性化产品之间的矛盾。

● 有利于提高产品质量和发展产品品种。质量标准能够揭示质量差距、促进质量、创新品种；标准化能够推动质量管理的良性循环；企业贯彻标准化思想能够以最佳品种构成满足更广泛的需要。

● 消除浪费、节约资源和保护环境的有效手段。标准化能够对重复发生的事物尽量减少或消除不必要的重复，并且促进以往劳动成果的重复利用。

提高全社会的整体素质——标准化是随着社会的进步和工业化发展演化而来的现代管理科学的重要基础性活动，实施标准化管理可以改进和协调整体水平，提高的产品性能和服务质量，增强市场活力。

创造全社会经济效益——运用标准化原理组织社会化大生产，通过合理分工、信息交流、技术共享，可以促进生产与贸易等社会经济活动的有序开展，充分而有效地利用社会各类资源、减少浪费，将经济效益最大化。

创造社会效益——全面推行标准化可以在全社会范围内建立遵规守矩的良好氛围，人们按照既定的规则办事，规避和杜绝不合理不合规现象的发生，全面提升整体社会效益。

标准化的实质是追求统一，标准化的对象一定是重复性的事物，标准化又是一种涉及范围十分广阔的社会活动，因此，人们对于标准化的有关概念就必须具有共同的理解，庶几才不会发生歧义和误解。标准化同时是一项十分严肃的活动，这主要是因为标准是一种约束性文件，起着规范人们某些行为的作用，在这方面它与法律法规有些相似。因此，这项活动本身也应是规范的，所涉及的标准化对象本体都应有确定的、严格的含义。确切的标准化概念是标准化工作者的工作语言，掌握这些基本概念对于加深理解标准化、正确开展这项活动是非常必要的。

标准化的另一重要作用在于为社会提供质量合格的产品。所谓质量合格，亦即产品符合标准的相关要求并满足消费者的需要。1924年，统计质量控制之父美国人沃特·阿曼德·休哈特提出了使用“控制图”进行产品生产工序的质量控制建议，1931年其完成并发表的《产品生产的质量经济控制》被公认为是质量基本原理的起源，1939年他出版了《质量控制中的统计方法》。该书是在控制图基础上运用数理统计的方法，使质量控制数量化和科学化，以有效地控制工序和质量，保证所有按工序生产出的产品质量特征值尽可能地接近或等于期望值，从而提高生产过程的工序能力，保证产品质量满足要求。休哈特在书中提出的“Plan（计划）–Do（执行）–Study（研究）–Act（行动）”循环往复的观点及关于抽样和控制图的内容对后来在质量领域进行研究的人士产生了极大的吸引和重要影响，这其中包括后来杰出的质量管理学专家爱德华兹·戴明和约瑟夫·M.朱兰。

爱德华兹·戴明在进行质量改进项目管理的过程中，对休哈特的质量循环进行了修正，使任何一项活动都能有效、合乎逻辑地开展，并在

质量管理中得到广泛的应用，这就是被后人称为“戴明环”的PDCA循环。其中，P、D、C、A四个英文字母所代表的意义如下：

● P（计划，Plan）：包括方针和目标的确定以及活动计划的制订；

● D（执行，Do）：具体运作，实现计划中的内容；

● C（检查，Check）：总结执行计划的结果，分清哪些对了、哪些错了，明确效果，找出问题；

● A（行动或处理，Act）：对检查的结果进行处理，对成功的经验加以肯定，并形成标准化文件，便于以后工作时遵循；对失败的教训也要总结，以免重蹈覆辙；

● 对于没有解决的问题，应提给下一个PDCA循环中去解决，更真实地反映了这个过程的活动。

戴明学说的主要观点概括为以下十四个要点：

（1）优化产品与改善服务是恒久的目标。

（2）绝对不容忍粗劣的原料、不良的操作、有瑕疵的产品和松懈的服务。

（3）改良生产过程，停止依靠大批量的检验来达到质量标准。

（4）与供应商建立长远互惠的关系，废除价低者得的做法。

（5）永不间断地改进生产及服务系统，降低浪费和提高质量。

（6）有计划地开展岗位培训，准确地统计和衡量培训工作的效果。

（7）建立现代的督导方法，要让高层管理知道需要改善的地方并加以落实。

（8）所有同事必须有胆量去发问，提出问题、表达意见。

（9）打破部门之间的藩篱，发挥企业整体的团队精神，跨部门的活动有助于改善设计、服务、质量及成本。

（10）取消对员工发出计量化的目标：激发员工提高生产率的指标、口号、图像、海报都必须废除。很多配合的改变往往是在一般员工控制范围之外，因此这些宣传品只会导致反感。虽然无须为员工定下可计量的目标，但公司本身却要有这样的一个目标：永不间歇地改进。

（11）取消纯粹数量化的定额，定额把焦点放在数量而非质量上，计件工作制便不会好，因为它会鼓励制造次品。

（12）消除妨碍基层员工工作畅顺的因素，包括不明何为好的工作表现。

（13）由于质量和生产力的改善会导致部分工作岗位数目的改变，因此所有员工都要不断接受训练及再培训。

（14）创造一个每天都推动以上13项的高层管理组织。

戴明的学说是把质量看作是立企之本，其重点在于领导的重视和持续的改进。戴明的学说在二战后的日本企业中进行了广泛的普及与实践，帮助日本企业从战后的衰败和困难中得以迅速恢复，快速成长，使日本成为世界工业强国。其学说的主要观点也成为全面质量管理的重要理论基础。

约瑟夫•M.朱兰的《质量策划》是他对质量管理充分和深入思考后编写完成的重要著作。书中提出的“质量策划、质量控制、质量改进”方法论构成了朱兰质量管理方法三部曲。其中，质量策划是针对具体的质量管理活动开展，在进行质量策划时，力求将涉及该项活动的全部信息搜集起来，作为质量策划的输入，通过分析、归纳等，形成质量计划文件作为策划的输出完成目标绩效，并在下一阶段根据实际发展变化进行修改调整；质量控制是用以评估质量绩效和策划过程中所制定的目标绩效相比较，并弥合实际绩效和设定目标之间的差距；质量改进则是作为持续发展的过程，包括建立形成质量改进循环的必要组织等基础设施，使质量得以持续提升。朱兰先生还首创将人力资源与质量管理相结合的思路，如领导的作用、全员的参与、必要的培训等。如今，朱兰关于质量管理的理论和观点已成为国际标准化组织质量管理系列标准（ISO 9000）的重要编制基础，并在全世界企业管理和质量研究专家们的共同努力下，不断地丰富和完善。

标准化活动的深入开展，可以促进全社会参与市场经济活动的组织提升对产品质量的关注，保证产品符合标准、满足消费者需求。

四、标准体系

（一）从系统和体系谈起

体系和系统一词在英文里都是用 system 进行表述，因此，在工程技术领域常认为二者是同一概念。英文中系统（system）一词来源于古代希腊文（systεmα），意为由部分组成的整体。一般系统论创始人——奥裔美籍生物学专家贝塔朗菲给出的系统定义是：“系统是相互联系相互作用的诸元素的综合体。”这个定义强调元素间的相互作用以及系统对元素的整合作用。美国学者阿可夫把系统定义为：“由两个或两个以上相互联系的任何种类的要素所构成的集合”。我国系统论学科的开创者——著名科学家钱学森教授给出的系统的概念是：“系统是由相互作用和相互依赖的若干组成部分（元素）结合成的具有特定功能的有机整体。系统可能指整个实体，系统的组件也可能是一个系统，此组件可称为子系统。系统是由元素构成的。”ISO/IEC/IEEE 15288《系统工程　系统生存周期过程》中将系统定义为：“为达到一个或多个规定目的而组织起来的相互作用的元素的结合体。”这个定义还有两个注释：“注 1：一个系统可被认为是一个产品或它提供的服务。注 2：实际上，对系统含义的解释通常通过使用一个联合名词来阐明，如飞行器系统。或者，单词‘系统’可简单地由上下文相关的同义词来代替，如飞行器，虽然这可能使系统的观点不太明显。”

系统可以做如下表述：

如果对象集 S 满足下列两个条件：① S 中至少包含两个不同元素；② S 中的元素按一定方式相互联系。则称 S 为一个系统，S 的元素为系统的组分。

这个定义说明了一般系统的基本特征，对于定义复杂系统有着局限性，但并不妨碍我们对系统的理解。定义中指出了系统的三个特性：一是多元性，系统是多样性的统一、差异性的统一，系统中的各元素、各组分彼此间存在差异；二是相关性，系统不存在孤立元素组分，系统内的所有元素相互依存、相互作用、相互制约；为了维持系统的稳定，系统中的各元素是相互关联的；三是整体性，系统是所有元素构成的复合统一的整体，系统由有着差异但又彼此相关联的各不同元素构成。电力系统是一个典型的系统，无论是从设计、施工到发电，还是从供电到用电，各个环节中都存在相互依存的各个要素（专业、过程）的紧密联系。安全、可靠、稳定是电力供给的重要系统结果，而这一切是各专业（系统要素组分）有效配合才能得以实现的。

在现实世界中，构成一个系统的元素可以无穷多。比如，把浩瀚宏观的宇宙中的银河系作为一个系统来看，构成银河系这一系统的则是数不清的星体，这些星体作为银河系统组分的元素各自独立，却又相互关联、相互制约、相互作用，才使得存在于银河系中的太阳系的运行相对稳定，在太阳系中的地球可以感受寒来暑往的四季变化、昼夜穿梭的时光流转，可以“坐地日行八万里，巡天遥看一千河”。构成一个系统最少有两个相互关联的元素，比如“天对地，雨对风，大陆对长空……”构成汉语言独有的对仗特色，产生了大量广为传诵的诗词曲赋，成为中国文学特有的一道彩虹；比如 0 和 1 构成的二进制系统，可以表现现实客观世界的众多变化，如上下、开关、黑白、有无等，通过二进制运算，可以展示出千变万化的组合，编制成的计算机语言和软件系统，可以解决现实中十分复杂的计算和信息处理。

严格意义上讲，现实世界的“非系统”是不存在的。每一项活动、每一个事物的发生和存在都有其前因后果，尽管一些群体中元素间联系微弱的系统可以被忽略。正如被毛泽东主席誉为“中国的理论领域的忠诚战士”的我国著名哲学家艾思奇所说：“物质世界是由无数相互联系、相互依赖、相互制约、相互作用的事物所形成的统一整体。”任何一个大的系统都是一个更大系统的组分，如地球所在的太阳系蕴含于银河系

中；而构成一个小系统的元素可能是一个更为细小的系统，若把人体看作是一个系统，从生理学的角度可将人体细分为运动系统（骨、关节、骨骼肌）、消化系统（消化道、消化腺）、呼吸系统（呼吸道、肺血管、肺和呼吸肌）、泌尿系统（肾脏、输尿管、膀胱和尿道）、生殖系统（内、外生殖系统）、内分泌系统（弥散、固有内分泌系统）、免疫系统（免疫器官、免疫细胞、免疫分子）、神经系统（脑、脊髓和神经组织）和循环系统（细胞外液、管道系统）等九个相对小的系统等，而每一个小的系统又是由若干功能相关的器官联合起来，共同完成某一特定的连续性生理功能（如神经系统或消化系统等）。存在于世界的众多系统让我们感受到人类生存的地球是如此五彩缤纷，而在系统中的任何一个元素细小的变化都有可能给系统带来整体的影响。所以，就有“一只南美洲亚马孙流域热带雨林中的蝴蝶，偶尔扇动几下翅膀，可以在两周以后引起美国得克萨斯的一场龙卷风。”的蝴蝶效应的理论存在。

体系泛指一定范围内或同类的事物按照一定的秩序和内部联系组合而成的整体。不同的组织或文件中有对体系的描述不尽相同。源于国际标准 ISO 9000：2015 的国家标准 GB/T 19000—2016《质量管理体系基础和术语》将体系和系统合并定义为：“相互关联或相互作用的一组要素”。国家标准 GB/T 13016—2018《标准体系构建原则和要求》第 2.1 条对体系的定义是：“由相互作用和相互依赖的若干组成部分结合而成的具有特定功能的有机整体。注 1：系统可以指整个实体，系统的组件也可能是一个系统，此组件可称为子系统。注 2：系统是由元素组成的。”

关于系统和体系两个概念的不同，也仅仅是汉语言中存在的差异，理解它们可以从两个方面思考：系统和体系都是从整体的角度去研究相互关联要素之间的作用，都关注的是整体的效果，都是依靠过程、规则和方法获得或达到整体的结果；构成体系的要素（过程）是多元的、不单一，虽然也相互联系和相互作用，但有的元素间的联系有可能是微弱联系，体系更加强调其边界范围的确定，而系统更为关注的是“主过程”。总体来说，系统和体系都是关注整体而非个体，通过对每个个体的研究和其规律的探寻，获得整体的良好效果。例如，电力系统是由发电、送变电线路、供配电所和用电等环节组成的电能生产与消费系统。它是将自然界的一次能源通过发电动力装置转化为电能，再经输电、变电和配电将电能供应到电力用户，其产生的主线是围绕着电能的生产（转化）而实现的，为实现这一功能，电力系统在各个环节和不同层次还具有相应的信息与控制系统，对电能的生产过程进行测量、调节、控制、保护、通信和调度，以保证生产过程中的安全可靠稳定，以及用户获得安全、优质的电能。

体系主要有 4 个方面的特征：

（1）整体性：构成体系的各部分之间不是简单的组合，而是一个相互制约、相互影响、统一的、有机的整体，它们之间需要相互协调和连接。

（2）目的性：人造体系或复合体系都是根据体系的目的来设定其功能的，体系的目的性使其走向期望的稳定结构。

（3）有序性：由于体系的结构、功能和层次的动态演变有某种方向性，使体系具有有序性的特点。

（4）动态性：体系和外部环境之间有物质、能量和信息的交换，体系会因环境的变化而变化，体系的发展是一个有方向的动态过程，并使体系体现出相应的生命周期。

（二）谈谈标准体系

标准体系实际上也是标准的一个重要而常见的衍生物，因其重要而常见，故单独来谈一谈。标准体系最早见于 20 世纪 70 年代初期的德国，后被日本引入并推广。80 年代中后期引入我国，作为专业标准化重要研究内容在各行业进行探索。20 世纪 90 年代初期，中国电力企业联合会研究发布了第一部《电力行业标准体系表》，为指导电力标准化工作的开展提供指导。国家标准 GB/T 13016—2018《标准体系构建原则和要求》第 2.4 条是这样定义“标准体系”的：“一定范围内的标准按其内在联系

形成的科学的有机整体。”理解定义需要注意以下几个关键结点：

“一定范围”即标准体系所包括或涵盖的范围，也即是标准化活动的范围，这一范围可视体系应用的大小而确定，不同的组织、机构其范围存在着相当大的差异；即便是同一类型、同一规模的企业，由于其组织架构、人员情况、所处环境、设备设施的选择运行使用保养以及技术的熟悉掌握情况等因素的不同，对其标准体系中标准的选取和使用也不尽相同，不能一概而论、照抄照搬。在确定体系的范围时，首先要明确范围的边界，国家标准 GB/T 13016—2018 对边界的定义为：“区别系统内部元素和外部环境的界限。”比如一个火力发电厂在构建标准体系过程中确定其范围时，要考虑和分析标准体系所涵盖的范围是针对现有机组的运行检修维护，还是包括规划中或正在实施的改扩建项目，有无供热、脱硫脱硝、粉煤灰、热水等附加产品的内容，有无燃料采购、运输等内容，通过前期的分析方能确定出适合电厂实际的标准体系的范围，为标准体系的建立奠定基础。建立标准体系的目的和预期达到的目标是必须先行考虑的重要内容，目的是在确定的范围内最终解决什么问题，目标是解决这些问题的过程，如从哪里入手、人员的配备、时间的节点等。

在标准体系定义里的“标准”可以理解为标准化文件，即如前文所述在体系对应范围内的，包括制度、办法、规章等常见的约束性文件的整体；虽然在标准体系中通常是不包含法律法规等文件的，但作为一个社会化的组织，在构建标准体系时，梳理与之相关的法律法规是必要的一项基础性工作。

“内在联系”体系内的所有标准有其自有的联系，其中不同功能的标准分别构成若干子体系，子体系之间存在互相依赖、互相制约的关系，例如基础和通用标准对个性标准具有指导和约束的作用；个性标准对通用标准具有形成作用；个性标准之间具有协调关系等构成体系中标准之间的相互关联。

“形成”是标准体系构建的过程，在这一过程中，从确定体系范围的边界为始点，与该体系所涉及或涵盖的专业技术领域（生产、管理活动）紧密结合，以系统为思路、以需求为导向。所谓以系统为思路，是指在构建标准体系时，应充分考虑和分析该专业技术领域（生产、管理活动）所涉及内容的全过程、从业务初始出发到业务终止结束进行的全过程考量。所谓以需求为导向，是指在进行标准体系架构设计时，应充分考虑和分析该技术领域（生产、管理活动）特点、标准化现状与标准需求、内外部环境因素的影响和相关方的需求与期望等。体系构建时应从确定的专业领域（范围）内所有适用的法律法规、技术、业务、过程、人员、设备、设施以及现有的约束性文件的梳理入手，同时，要对不在标准体系范围涵盖之内，但与标准体系范围或活动有密切相关的上、下游进行关注，方可构建好符合实际且对实际有具体指导作用的标准体系。专业标准化技术委员会在构建标准体系时，应对本专业对在生产建设管理过程中的应用情况进行深入调研和分析，立足于本专业领域技术应用现状和发展趋势的系统研究，国内外相关标准情况的分析等，确定标准体系架构和标准研编的重点与方向，从而确保标准体系对本专业领域的技术标准研编起到指引。

构建标准体系应以目标明确、层次适当、划分清楚、全面成套为基本原则。按照标准体系应用的实际，体系又可分为宏观和微观两个层面，前者范围更为广泛和普适，如电力行业标准体系、火力发电标准体系、水力发电标准体系等；后者相对细化、专业和独立，也可能构成前者的子体系或分体系，如某专业、某过程、某工艺、某方法或某组织所涉及标准构建的标准体系，如高压试验标准体系、勘测设计标准体系、变电站运行标准体系、火电厂检修标准体系、某某水电站标准体系等。此外，根据构成标准体系的标准类别，电力标准体系还可分为技术标准体系、管理标准（通常还涵盖管理制度）体系和岗位（工作）标准体系等，这也是开展电力企业标准化活动的一项重要基础性工作。

构建标准体系的思考：

（1）角度：以动态的方法分析标准之间的相互关联、相互作用、相

互协调的关系，梳理清技术发展的来龙去脉和趋势，把握该领域标准化的起因与发展方向。

（2）深度：透过事物表象，认清系统的动态以及驱动系统行为变化背后潜在的“结构”；通过深入思考，研究标准化发展变化的趋势（模式）和走向。

（3）广度：从全局与系统的角度看到标准体系的整体，研究标准体系背后的驱动因素（系统结构），看到全局（整体）和独立的标准（个体）之间的联系性，协同构建标准化的整体工作。

“科学的有机整体”是编制标准体系首先要考虑体系的整体功能，即只有体系内所有元素（标准）都得到贯彻才能达到建立最佳秩序、获取最大效益的目的。所谓“科学的、有机的”，是指在体系内的各标准之间互相关联协调而不可分，就像一个生物体那样有机联系。“整体”是指一个由有内在关系的各部分、各元素（标准）所组成的体系对象，各个组成部分或各元素（标准）之间存在有某种内在关系，或功能互补，或利益共同，或协调行动等。标准体系整体是在给定范围内的标准的全体，包括待制定的标准和待转化的标准、相关标准以及已经预见到的待定标准，组成标准体系的元素是一项项具体的标准化文件。

在标准体系建设过程中，除要对上述标准体系定义中的内容进行理解外，还要了解标准体系的一些特点，如动态特性，标准体系也如标准一样，具有动态的变化特征，单项标准发生变化、体系架构重新调整等，都可导致标准体系发生变化；相对性，标准体系相对稳定，但随着客观条件的改变和主观认识的深化，也可能需要对标准体系进行修改完善。标准体系建设过程中，还要关注和及时了解法律法规、国家（行业、地方）政策、发展趋势、上级要求以及市场需求的变化情况，体系的运行情况与实际情况的匹配怎样等信息，应根据实际对已经编制完成、投入运行的标准体系进行适当的阶段修订和持续改进。

标准体系是一定范围内标准的概貌，从体系可以看出标准覆盖的程度，看出标准之间的关系，看出标准化活动开展的深度和广度，也可以反映出标准体系构建人员对标准化知识和相关技术的了解与掌握程度；体系清晰地给出了现行标准、正在制定的标准、待定标准，在制订标准化工作规划和计划时，标准体系是重要的依据；在编制标准时，可以从体系中检索出现行的相关标准作为依据，以保证标准之间的协调性。有了标准体系，便于企业用系统理论和方法整合标准，发挥系统的整体作用；有了标准体系，便于保持与企业方针的协调，促进企业总体目标的实现；有了标准体系，便于适时更新标准，与时俱进，保持体系的先进性。

标准体系的作用是：

（1）标准体系建设的目的是保证同一专业技术领域的标准相互配套、协调，相关标准的技术要求保持一致、统一，同时，对该领域标准化工作的发展方向有一清晰的指引。标准体系应是某一领域范围内共同遵守的标准的整体概貌，从标准体系可以看出该领域范围内标准覆盖的程度、标准之间的关系、标准化活动开展的深度和广度。

（2）标准体系应清晰地给出该领域范围内的标准体系框架和现在执行的标准、正在编制的标准、待制定的标准，这些标准应有系统地进行划分，而不是简单的罗列。标准体系是编制标准化工作规划和计划的重要依据；在确定标准的编制时，可以从标准体系中检索出相关标准作为依据，从而保证标准之间具有良好的协调性。

（3）标准体系便于企业用系统理论和方法整合标准，发挥系统的整体作用；便于保持企业标准化工作与企业发展的方针、目标相协调，实现企业的总体目标；便于企业适时调整和更新标准，结合科技成果和发展、与时俱进，保持标准化工作整体的先进性。

（三）谈谈与标准体系有关的几个概念

标准体系表是标准体系最为常见的表现形式。国家标准 GB/T 13016—2018《标准体系构建原则和要求》第 2.6 条对“标准体系表”的定义是：“一种标准体系模型，通常包括标准体系结构图、标准明细表，

还可以包含标准统计表和编制说明。”对标准体系模型的定义是：“用于表达、描述标准体系的目标、边界、范围、环境、结构关系并反映标准化发展规划的模型。注：标准体系模型是用于策划、实施、检查和改进标准体系的方法或工具。” 通过主观意识并借助实体或者虚拟表现形态，描述客观现实存在所具有的形态、结构的物件即为模型。标准体系表即是反映标准体系的结构特点和标准间相互关联关系的模型，这种结构特点和标准间的关联关系就用体系结构图进行描述，而体系中的标准则以标准明细表的形式进行展现。标准体系结构图用于表达标准体系的范围、边界、内部结构以及示意图。通常，标准体系结构包括标准之间的“层级”关系、逻辑顺序的“序列”关系以及它们的组合等。

在我国，有多个标准提供指导构建标准体系、编制标准体系表的基本模式，如国家标准 GB/T 13016、GB/T 15496 和电力行业标准 DL/T 485 等，这些标准是我国标准化工作者多年实践经验的总结、优化和提炼，具有较强的指导性和可推广性。然而，一项标准并不是万能和普适的，标准体系构建者应结合自身专业技术（生产、管理）的特点进行体系架构的设计。根据系统科学的基本原理，从整体出发，按照系统特征的要求把握专业技术领域的规律，对各要素及标准现状、需求进行系统的分析和优化，并按照内、外部环境的变化，及时调整、修改和完善体系架构。标准体系表通常包含标准体系结构（框架）图、标准明细表、编制说明和标准统计表四方面的内容。

编制标准体系表最核心、最重要的工作是标准体系结构（框架）的确定。确定标准体系框架和各分、子体系模块是在充分调研和对标准分析的基础上进行的，层次结构是最为常见的标准体系框架。图 2 给出的电力行业特高压直流标准体系框架图和图 3 给出的电力行业电力变压器标准体系框架图是两种不同形式的专业技术领域的标准体系框架图，图 4 为国家标准 GB/T 15496 给出的企业标准体系框架图，是一种通用的体系架构模式，图 5 是电力行业标准 DL/T 485 给出的电力企业标准体系框架图。

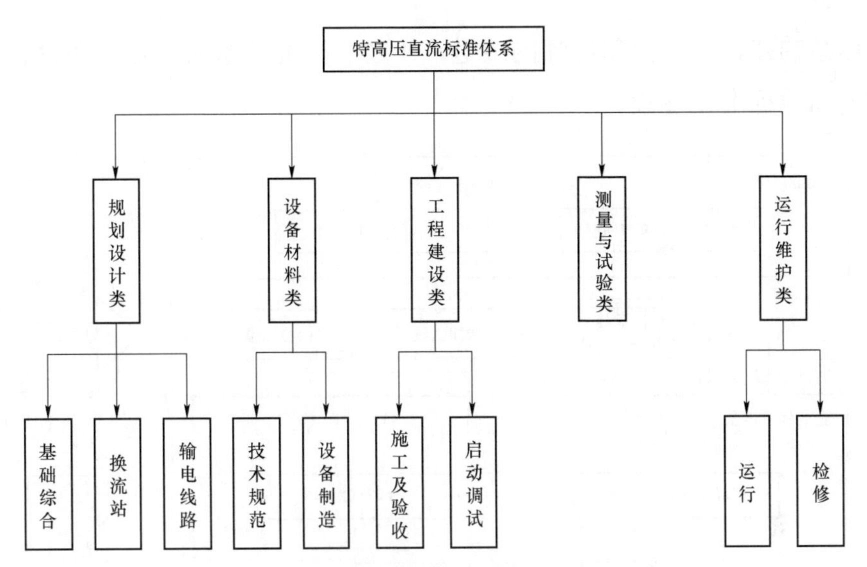

图 2　电力行业特高压交直流标准体系框架图

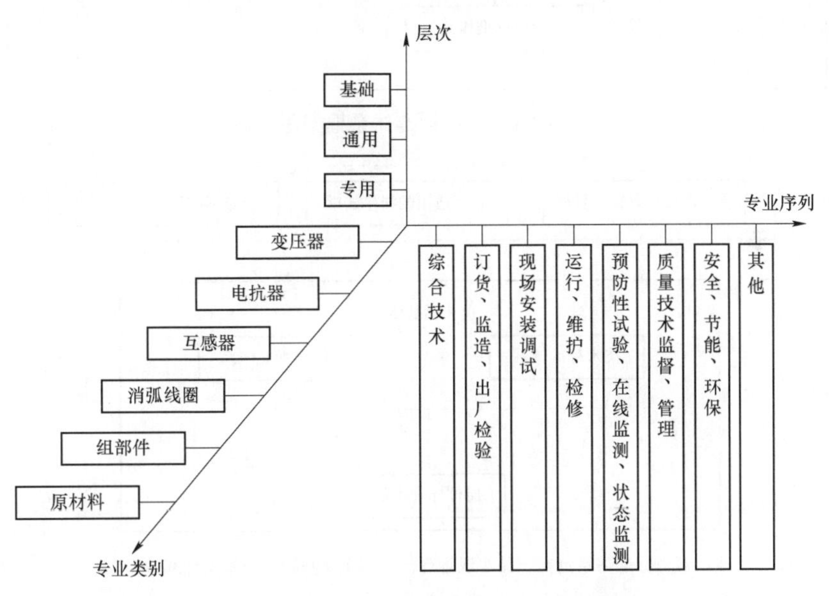

图 3　电力行业电力变压器标准体系框架图

运用 PDCA 管理通用模型进行标准体系构建是一个常用的方法和思路，即按照 Plan（计划）——Do（执行）——Check（检查）——Action（处置）的程序持续不止地循环延续，将标准体系视为一个活动或过程，通过“设计与构建—实施与运行—监督与评价—改进与完善”，实现标

准体系的建设、运行和持续的改进，使之在标准体系所涵盖的范围内有效地指导标准化建设。

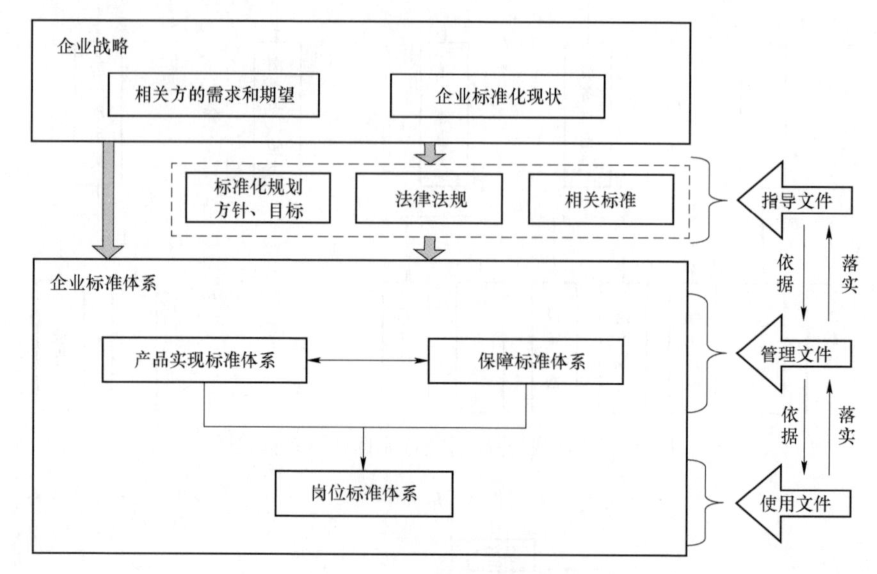

图 4　企业标准体系框架图

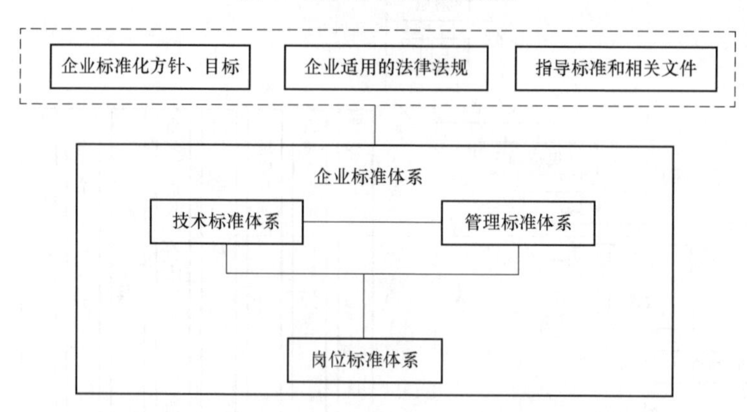

注：管理标准体系包括产品实现管理标准体系和基础保障管理标准体系。

图 5　电力企业标准体系框架图

在构建标准体系框架时，对不同领域、不同共性内容的标准可以进行模块化的细分。每个模块构成标准体系的子体系或分体系。例如，一个发电集团公司，按产业板块分，有煤炭、交通、火力发电、水力发电、新能源发电、冶金、金融等，则可在大体系框架下按不同专业板块进行模块化细分。图 3 给出的企业标准体系框架仅是说企业在构建标准体系时应按照技术、管理和岗位对总的标准体系进行构建，具体的细化要根据实际进一步地细分。模块化和系统化是标准体系构建常用的思路，是将不同业务以不同的模块形式进行系统思考和构建的方法。

构成标准体系表的另一个重要内容是标准明细表，即该标准体系内标准的罗列。标准明细表应包括现行有效标准、在编标准和待编标准，企业标准体系的明细表还应包括本组织遵照执行的上级标准和本企业自编的标准。编制标准体系明细表的过程大体是：梳理现有的标准和标准化文件，对标准需求进行分析，按照标准体系框架给出的架构对标准明细表进行分类和填写标准明细。在梳理标准明细的同时，还需对涉及法规进行识别，无论是专业上的还是企业生产过程中的，法规的识别有助于构建标准体系建设不逾矩。在编写标准明细表时，横向（表头）栏目主要包括：序号、标准名称、标准代号和编号、实施日期、采标程度（可用符号表示：等同采用——IDT、修改采用——MOD、非等效——NEQ）及被采用标准的编号、替代作废情况、归口负责机构、备注等；明细表纵向一般按方框图给出的层次分类，体系的类别可在其相应的体系内容出现之前进行标识。在编制明细表时，某一体系框架下标准数目过多或过少，也可以从另一角度判别标准体系构建得是否合理。

编制标准体系表时，一般还应给出体系表的编制说明。编制说明是用简明扼要的文字，把事物的特征、成因、关系、功用等解说清楚的表达方式。标准体系表编制说明应对所编制的标准体系的编制原则、依据、背景、目标，各子体系的划分原则、依据、内容以及与其他体系的关系、协调意见等进行说明，是标准体系使用者、学习者认识、学习和理解所编标准体系的一个重要文件，应尽可能详尽地对上述内容进行表述。

标准统计表是用于对标准体系内标准组成情况进行分析的表格。1903 年，钮永建、林卓南等翻译了日本横山雅南所著的《统计讲义录》一书，把“统计”一词引入我国。而在汉语中，“统计”一词还有合计、总计的意思，是对某一现象或活动进行的有关数据的搜集、整理、表述、

计算、分析、解释等活动。由于计算机及其信息系统的广泛普及与应用，标准体系的统计表已可不作为重要内容必须在构建标准体系表时保留了，使用者可根据不同的统计目的设置不同的统计项，通过计算机信息系统，完成标准体系内的标准统计分析。

标准体系构建过程中还有几个概念：

（1）个性标准。GB/T 13016—2018《标准体系构建原则和要求》第2.10 条对“个性标准”的定义是：“直接表达一个标准化对象（产品或系列产品、过程、服务或管理）的个性特征的标准。”个性是个体独有的，可与其他个体相区别的整体特性，是个体本质特征的总和，是一事物区别于其他事物的特殊性质。

（2）共性标准。与个性标准对应的是共性标准，即“同时表达存在于若干种标准化对象间共有的共性特征的标准。”（源自 GB/T 13016—2018 第 2.11 条）。共性是指不同事物共有的普遍性质，决定事物的基本性质。“共性”即普遍性，“个性”即特殊性，两者密切联系，不可分割，是辩证统一的关系。世界上的事物无论如何特殊，它总是和同类事物中的其他事物有共同之处，总要服从于这类事物的一般规律，不包含普遍性的特殊性是没有的，即特殊性也离不开普遍性。共性和个性是一切事物固有的特质。每一事物既有共性又有个性，个性揭示着事物之间的差异性，体现并丰富着共性，共性只能大致包括个性的特征。共性和个性在一定条件下会相互转化。比如，变电站运行标准是对变电站内所有设备共有的运行指标和要求的统称，其中可能包括变压器运行标准、开关设备运行标准、保护设备运行标准等，后者则是个性标准。它们的共有特点是针对“运行”的规则，但由于设备的不同，其运行特点和要求（个性特征）不尽相同。

（3）相关标准。GB/T 13016—2018 第 2.9 条对“相关标准”的定义是：“与本体系关系密切且需直接采用的其他体系内的标准。”所谓关系，即是指事物之间相互作用、相互影响的状态，密切则是指彼此间关系亲近，关系密切即是相互之间的状态是亲近的。“其他”即是指“其余的他者”，是指非本体系内的标准，但关系很近，所以在实际中需要直接采用而成为本体系的标准内容，才可使本体系完善。比如，企业在构建标准体系之前，曾经开展过诸如质量、环保的体系评价工作，而在构建标准体系时，应将质量、环保标准体系中的相关标准一并纳入标准体系中统一协调和管理，标准体系方不漏项。

“采标”是我国对于借鉴国外标准的一种专有的说法，是指将国际标准的内容，经过分析研究和试验验证，等同或修改其文本而转化成为我国标准（包括国家标准、行业标准、地方标准、团体标准和企业标准），并按我国标准审批、发布的程序进行审批、发布。采标的对象是国际标准和国外先进标准。所谓国际标准，是指由国际标准化组织（ISO）、国际电工委员会（IEC）、国际电信联盟（ITU）发布的以及由国际标准化组织确认的其他国际组织制定的标准。所谓国外先进标准，是指国际上有权威的国际性组织、区域性组织、技术经济发达国家、通行的国际（外）团体和国际知名企业等制定和发布的标准。

采标的主要原则是：

● 符合我国法规要求，遵循国际惯例，技术先进、经济合理、安全可靠。

● 基础性标准、试验方法标准尽可能优先采标，以使我国技术与国际通用做法保持一致。

● 涉及安全、卫生、环保等方面的标准应尽可能等同采用国际（外）标准，除非因地理、气候或基本技术问题等原因可以部分采用或不采用。

● 采标应当同我国的技术引进、技术改造、新产品开发相结合。

● 采标的标准的产生程序与一般标准制定（修订）流程相同。

我国采标的标准与对应的国际（外）标准的一致性程度有两种，即等同采用（identical，用 IDT 表示）和修改采用（modified，用 MOD 表示）。其中：

● 等同采用（IDT）——技术内容、文本结构完全相同，但允许有

小的编辑性修改。

● 修改采用（MOD）——允许技术内容上有差异，但必须明确地标明并给以解释，文本结构上两者应对应。

此外，还有一种借鉴国际（外）标准的方法，即非等效采用，这种采用国际或国外标准的方法不属于采标的范畴。以这种方式借鉴国际（外）标准时，两者在技术内容和文本结构上都有很多不同，或者只采用了少数条款。非等效采用标准可用 NEQ（not equivalent）标识出与国际（外）标准的对应关系。

关于采标的具体方法，应按 GB/T 20000.2《标准化工作指南 第 2 部分：采用国际标准的准则》的要求执行。采标是我国标准化政策和标准化活动的重要内容之一，采标的意义在于通过采用国际标准和国外先进标准，提高我国标准的编制水平；通过实施这些标准，提高我国相应的产品质量和技术水平；通过采标消除别国设置的贸易壁垒，改善国际贸易的协调性，保护国家利益。

近年来，我国科技水平得以迅速发展，领先于世界的一些技术已广泛应用于工程建设和生产实践之中，电力行业中特高压、水电站施工、电力储能、电动汽车等技术领域已取得世界瞩目的成就，标准化工作也从跟随国际（外）的采标转向输出我国标准进行技术引领转变。将我国标准推向国际对于国家标准化战略的实施、提升国际品牌与形象、促进国际贸易与竞争、提高人民生活水平等都有着切实的收益与作用。正因为如此，在采标的同时，多方位、多角度、多形式地参与国际标准化活动，推动中国标准"走出去"战略实施，更好地融入国际大舞台是必然的选择。

（四）标准化效果的评价

所谓效果，即是由某种动因或原因所产生的结果、后果，指在给定的条件下由其动因或其他原因或多因子叠加等行为对特定事物所产生的系统性或单一性结果。标准化效果即是通过开展标准化活动（动因）

而产生的人们期望的结果。标准化活动产生的综合效果主要包括技术、经济、社会三个方面，通常这三个方面的效果也会相互交叉融合地呈现。具体来讲，评价标准化活动主要考虑以下方面产生的效果：

（1）由于技术合作、沟通理解、信息传递产生的技术效果。

（2）由于简化工艺、品种、规格产生的资源节约的经济效果。

（3）在生产、流通、消费各环节产生的节约效果。

（4）由于提高安全水平、改善环境、改进工业卫生、保障生命健康产生的社会效果。

（5）由于保护消费者利益、社会公众利益产生的社会效果。

（6）在消除贸易中的技术壁垒产生的效果。

标准化经济效果是指通过开展标准化活动取得的经济效果与利益，它包括直接效益和间接效益，是开展标准化活动所投入的物化劳动与活劳动占用、劳动消耗与获得的劳动成果之间的比较。经济效果可以用货币的形式表示。

标准化活动产生的经济效益可以用绝对值计算，也可以用相对值计算：

绝对效益＝标准化有用效果－标准化劳动消耗

相对效益＝标准化有用效果/标准化劳动消耗

相对效益也称标准化活动收益率。

标准化有用效果是因实施标准化而产生的节约或其他有益效果，如提高生产率、减低成本、减少人员设备事故、改善劳动条件（提高健康水平）、改善环境等而产生的效益。标准化劳动消耗是为了实施标准化措施而花费的投入，包括物化劳动和活劳动。物化劳动如用于标准化活动的原材料、动力、设备（施）、折旧与修理费分摊等，这些费用大多花费在为编制标准而进行的验证试验，或为实施标准而进行的技术改造等方面。活劳动如人工费用、实施标准和开展活动（会议费、办公费、出版、培训等）的费用。人工费用包括工资及平均创造的价值。在考察劳动消耗时，不仅要考虑开展标准编写（体系建设）时所直接消耗的物

化劳动和活劳动，同时还应考虑由于实施标准（运行体系）而引起的间接相关部门的损耗或投资。因此，标准化经济效果的评价不是一个简单的问题，需要长期对标准化工作开展有目的的统计、分析。

标准化技术效果是因实施标准化而产生的提高技术水平、促进技术进步的效果，包括技术基础进步、管理水平提高、生产技术和工作秩序改善、采用先进技术（工艺）和先进设备、促进（技术、贸易）交流、提供技术语言、提高产品及服务质量等。对电力企业而言，生产技术和工作秩序改善主要是包含简化工作程序、提高管理流程（工作）协调性、改进操作、减少事故等内容。技术进步是随着技术不断发展、完善和新技术不断代替旧技术的过程，主要内容包括科学、技术、生产的紧密结合与协调发展；不断采用新技术、新工艺、新设备、新材料，用先进的科学技术改造原有的生产技术和生产手段，设计和制造生产效率更高的新工具和新装备，使生产过程逐步转移到现代化的物质技术基础上来；全面提高劳动者的道德素质和文化技术素质，不断开发人的智力，营造人才辈出、人尽其才的良好环境；综合运用现代科技成果和手段，运用标准化的原理与系统性理念合理组织生产力诸要素，提高管理水平，实现企业生产技术结构合理化。

“社会”一词也源于日本，由中国近代思想家、教育家、史学家、文学家梁启超于 1902 年引入我国。社会是由生物与环境形成的关系总和，是在特定环境下共同生活的生物能够长久维持的、彼此相依为命的一种不容易改变的结构。标准化社会效益是因通过开展标准化活动而给社会带来的利益。例如，由于开展标准化活动使产品或服务质量提高、成本降低给消费者带来的好处；通过标准化活动的开展，使企业生产及服务规模扩大给国家在税收方面带来的好处；通过标准的严格执行和监管，促进农产品、食品、药品的安全提升而为人们健康提供的保障；通过标准实施保证工程项目与设施的优质给人们生活带来的方便；节能、环保与资源综合利用（如电能替代、废旧物资处置等）标准的建设给持续发展带来的动力，以及通过标准化活动的开展，对减少灾害、应急能力提升等带来的效益。需要指出的是，标准化活动的开展可提升效益并非是绝对的，由于其规则的特性，产生的限定与制约是存在的。如今，通过标准化活动进行的创新也在尝试和探索中，而创新正是标准化活动持续的重要推手，是标准化从业者都应思考的课题。

由于科学技术的快速发展，新理论、新经验、新方法不断出现，已有的标准会逐渐老化以至不再适用，这时应当对这些标准进行修订或废止。所以，标准是有年龄和一定寿命的。而由于各领域技术发展程度并不一致，所以国家对标准的寿命并没有统一规定。从标准发布之日起按年计算称为标龄，一般认为 2～5 年标龄的标准就可以考虑对其进行复审了。专业标准化技术组织每年都应安排对其所覆盖领域的标准的复审工作，对预定标龄的标准进行复审，分别给出继续有效、个别条款修改、全面修订、废止的结论。国家标准和电力行业标准的预定标龄通常为 5 年。企业可根据自身实际，如技术改造、设备升级等，适时地修订企业标准，从而保证对实际工作的有效指导。

第四篇

从 企 业 谈 起

一、从日本谈起

日本，一个居高自大而又谦逊有礼、冥顽不化而又与时俱进、墨守成规而又爱学奋进、恃强尚武又尊学重道充斥着菊与刀的矛盾国度。与我国一衣带水，两国关系源远而流长，相互影响。在我国隋唐时期，日本当局先后多次派出遣隋、遣唐使团，学习我国的律令制度、文化艺术、建筑工艺、科学技术甚或风俗习惯等。唐朝诗人包佶有诗记录："上才生下国，东海是西邻。九译蕃君使，千年圣主臣……"通过这些遣隋、遣唐使团的交流与学习，日本系统地学习了我国当时的政治和经济体制，废除了大贵族垄断政权，并于公元 646 年建立古代中央集权国家，史称大化改（革）新。大化改（革）新是个逐步的过程，大约经历了半个世纪，改革的纲领在实施中也不断完善和修改。公元 701 年，颁布《大宝律令》，使改革以法律的形式固定了下来。在政治方面，废除贵族的世袭特权，建立以皇权为中心的中央集权国家；在经济方面，废除部民制，建立起封建土地国有制；在军事方面，实行征兵制，在京师设立五卫府，在地方设军团，所有军队一律归中央统一指挥。汉文化的一系列先进经验和技术传入日本，对日本社会的发展产生了重大影响，在日本至今还能看到这些使团的学习成果遗痕。1000 多年前，我们对日本的发展产生了重要影响，100 多年前（19 世纪中叶）及其之后的时间里，日本又对我国的发展产生了重要影响，现代汉语中众多的词汇源于日本便是例证。

1840 年在中国发生的第一次鸦片战争，不仅打痛了中国，同样也警醒了闭关锁国的日本，让当时日本的实际掌权者江户（德川）幕府看到了西方列强靠坚船利炮不可一世的豪横。1854 年，美国人佩里率"黑船"舰队打开了封闭已久的日本的门户，日本被迫开阜通商。19 世纪 50 年代中期到 60 年代末，日本受到西方资本主义工业文明的巨大冲击，由

此在经历了尊王攘夷、公武合体、萨（摩蕃）英战争、下关战争、倒幕运动和戊辰战争等一系列的变革与战争后，终于开启了具有资本主义性质的改革运动，史称明治维新。明治维新是日本进行的近代化政治改革，这一改革摒弃并结束了长达600多年的武士封建制度，建立了日本近代第一个统一的中央集权政府。政治上，他们透过推行天皇亲政和议会政治（合议）的精神，于1889年颁布宪法，1890年开国会、设两院，力图建立仿效西方三权分立的新式政府，初步建立了君主立宪政体；在经济上推行"殖产兴业""脱亚入欧"进行工业化改革，在生活上提倡文明开化，大力发展教育；在对外关系上，除了推动废除与列强之间的不平等条约外，还积极开发虾夷地（今日本北海道）和入侵琉球，展现出强硬的姿态。一系列改革措施的强力推行和实施，使日本迅速成为亚洲第一个走上工业化道路的国家。但是，迅速发展起来的日本由于其国内资源匮乏、市场狭小，加之封建残余势力浓厚以及转型期各种社会矛盾的复杂与尖锐，急于从对外扩张中寻求出路转移国内矛盾，因此开始大力扩充军备，并通过在侵占琉球、染指朝鲜半岛、中日甲午战争、日俄战争的历次战争中捞到了大量好处，逐渐跻身于世界强国之列。20世纪初第一次世界大战的爆发，使欧洲列强自顾不暇，让日本有了独占远东市场的机会，大发横财。

而彼时，我国在两次鸦片战争失败之后，清朝统治集团中的洋务派也掀起了一场以"自强""求富"为口号的洋务运动。洋务运动在科学技术，特别是军事技术方面向欧美国家看齐，引进思想、置厂创业、开拓进取，竟一度出现"同治中兴"的景象。但清政府并未像日本那样变革国家制度，因此"中兴"并未能使中国走上富国强兵的道路。甲午战争和戊戌变法的失败，极大地刺激了国内一大批抱有复兴中华理想的青年，这些社会精英在展望世界变革的大浪潮后痛定思痛，毅然东渡扶桑，去日本学习变革发展之道。这些青年人中不乏后来叱咤风云、对我国现代史产生巨大影响的人物，从中国共产党第一次代表大会上都有旅日小组的代表便可见一斑。当代汉语言中有很多词汇便是那个时代从日本舶来的，如经济、干部、社会主义甚至共产党等，其影响深远。在 100 多年前 20 世纪交会之初的那个时代，这些有志有为的青年们回国之后，开始了包括标准化在内的各个领域进行的艰苦卓绝的探索和实践，从而为我国走向富强的今天增添了浓重的一笔。

历史当然不会忘记，中国现代史与日本现代史紧密地交叉在一起，成为世界现代史中最为浓墨重彩的一页。历史更不会忘记，经过大正民主昙花一现的日本，迅速走向了法西斯军国主义，而被法西斯军国主义主宰了的日本，给我们的民族和世界人民所带来的严重伤害和不幸。近代的日本在 1894 年、1931 年、1937 年发动的三次大规模的侵华战争，是中日两国关系史的致暗时刻。虽已成过往，但正如俄罗斯著名历史学家克柳切夫斯基所说“如果丧失对历史的记忆，我们的心灵就会在黑暗中迷失”，牢记过去才能成为未来持久和平发展的基石。牢记历史、放眼未来、珍爱和平应是我们共同的心声。

第二次世界大战之后的日本，在巨大的国际压力下再次进行了变革，确立了走教育立国、质量效益优先的道路。彼时，日本从战争的阴影中渐渐走出，在美国占领时期的民主化社会改革已成为广泛的共识和国民世界观的基础。通过几十年的发展，日本成为世界上具有影响力的现代工业化国家，在工业、信息、科技、文化等诸多领域领先于世界。高度重视基础教育以使国民素养全面提升，从而快速培养出一批顶尖的科技、管理方面的人才，全方位地促进了日本科学技术的发展。近年来，获得诺贝尔各类奖项的日本科学家大有人在，且层出不穷。科学技术的发展反哺企业生产，使得工业现代化进程长期领先于世界。以简图用图形符号的国际标准为例，这些图形示例常常以日本标准为蓝本而形成国际通用的规则或标准符号，当您拿起手机、数码相机时，产品上面一目了然、标识各种功能的小图标，便是从已经成为国际标准的符号规则中产生衍化而来的。

1949 年站立起来的中国，在世界的东方正以矫健的步伐向着未来奋进。1972 年 9 月 25 日至 30 日，日本内阁总理大臣田中角荣应周恩来总

理之邀访华，9 月 29 日双方签署发表《中日联合声明》，标志着中日邦交正常化，揭开了两国关系史上的新篇章。改革开放后的中国把眼界从国内转向世界，让我们看到了自己与世界先进工业国家之间的差距，于是我们不用扬鞭自奋蹄。改革开放让我们如饥似渴地向世界各发达国家学习各种先进技术、经验和做法，以极大的热情融入世界大家庭中，国民经济得以举世瞩目的高速发展。其中，从日本学习到的先进经验尤为突出，运用标准化的原理和思想进行企业管理便是其中最重要的成果之一。纵观中日两千年交往历史中的经验教训，我们可以得出的结论是，中日这两个重要邻国友好合作、互利共赢才是符合两国根本利益的唯一正确选择。

1976 年 4 月，日本标准化学者芦川鲤之助为企业编写了一本全面、实用的标准化工具书——《工厂标准化手册》。该手册从企业标准化体系、企业技术标准、管理标准和企业常用的基础标准资料四个方面提供了典型而规范的企业标准化体系、程序、标准及其格式。同时，为了有效指导广大企业开展企业标准化工作，还于 1989 年版组织编著了《社内标准化便览》(即《公司标准化总论》)。该书取材新颖、内容丰富并具有学术权威性，获得日本第 33 届标准化文献奖。

日本企业在经营管理活动中，大量采用建立在企业标准化基础上的方法，创立了有着典型日本特色的管理方法与模式。我国改革开放后，众多团队蜂拥至日本，学习其先进的管理经验，对我国企业引进现代化管理思维和提升企业管理水平产生了很大的影响和帮助。

二、谈谈“企业”

事实上，人类有组织的生产活动自原始部族社会即已形成。人们为了共同的生存目标，就有目的地开展集体捕猎活动，为追捕一头大型的野生动物，分工合作是一种必须和自然而然的方式。这种生产模式与其说是有意识的组织形式，不如说是一种本能，类似狼群或狮群围捕猎物的模式。而这种通力合作的本能，正是社会化生产的前提。进入农耕时代后，有组织的生产方式和社会化的分工合作更加丰富起来。距今5300～4300年新石器时代晚期的位于浙江良渚遗址中的水利系统、城市和墓葬群，以及地处黄土高原北部边缘陕西神木石峁遗址的内城、外城、灰坑等考古发掘可以证明，如果没有有组织、有规划的建设，这样的成就是不可想象的。而自农业革命以来，有组织的手工业生产以为农业生产者提供必备的生产和生活工具成为一种必然，农业生产者通过生产和交换，使手工业者得享食物。国家形成后，社会结构更加复杂多样，但是以家庭或家族为主的生产方式在世界范围内依然是一种最基本的状态。这样的生产方式不仅可以自给自足，而且可以满足其他社会成员的温饱、生存和发展需求，国家经济也由此增长。工业革命以后，社会化大分工、大合作的局面更加具体地出现在人类历史的长河中，财富较农耕时代迅速聚集。以城市为中心，第二产业、第三产业呈几何级数增长，其经济获得也已远远超过了第一产业的规模，并且还在不断地发展中。农业虽然仍是国家的重要根基，但在经济的大洪流下，已经落到相对次要的地位。而工业生产毫无疑问是需要社会化大合作才可得以实现，于是标准化被提到重要地位。

现代汉语中的“企业”一词，作为经济学名词与其他社会科学领域常用的基本词汇一样，也源自日语。1978年出版的《辞海》中对“企业”的解释为：“从事生产、流通或服务活动的独立核算经济单位。”《现代汉语词典》中的解释为：“从事生产、运输、贸易等经济活动的部门，如工厂、矿山、铁路、公司等。”2018年12月29日，第十三届全国人民代表大会常务委员会第七次会议通过修订的《中华人民共和国企业所得税法》第一条中有这样的描述：“在中华人民共和国境内，企业和其他取得收入的组织（以下统称企业）为企业所得税的纳税人，依照本法的规定缴纳企业所得税。”从上面的解释和法条可以看出：首先，企业是一种社会组织；其次，企业从事经济活动，也就是能够给社会提供服

务或产品；最后，企业是以通过经济活动取得收入为目的，即以营利为目的。

组织成社会化大生产的过程也是随着工业革命而发展起来的。前文提到，工业革命是在技术发展的基础上展开的，科学技术的发展是促进工业革命完成的重要原因，却不是唯一的因素。众所周知，工业革命自英国肇始，为什么英国有这样的土壤，说来话长。这里简而言之，三个方面的因素让英国成为工业革命的发源地：第一，英国有着对教育高度重视的传统，培养出如艾萨克·牛顿、威廉·汤姆逊（开尔文）、詹姆斯·克拉克·麦克斯韦、尼尔斯·玻尔、亚历山大·贝尔等一大批世界顶尖的科学家，使得科学技术之树根深叶茂，而由于科学技术的推广与应用，促进了生产力的大幅度提升。第二，自 18 世纪以来英国大力发展交通、航运等基础设施建设。18 世纪后半叶始，英国加大了公路、运河等交通基础设施的建设，同时开建了铁路交通以及稍晚的城市轨道交通，通过交通设施的兴建将国内联通成一个整体，由此带来了国内商品市场的形成和贸易的便利，同时加快打通国际航道，直接参与并引领了国际自由贸易，为生产资料的获得和商品出口奠定了基础。第三，英国新型企业蓬勃发展，工业化之前的个体手工业生产方式成功转型为工业化大生产模式。科技与生产实践的高度对接和快速推广利用，促进了全产业链的形成。前文提到的理查德·阿克莱特开创的分工合作的新型工业生产模式在各类工业生产中得以扩展，工业生产效率大幅度提高。这种组织生产的模式成为全世界现代企业的样板，是现代企业组织形式的基本雏形。除此以外，自 13 世纪以来君主立宪、王在法下的政治文化传统，由大航海时代引发的与西班牙、荷兰海战胜利的机遇也是导致英国迅速崛起，引出社会生产必须变革的重要因素。而正是英国的工业革命，为现代企业的制度建设与组织形式设计了基本蓝图。

企业作为经济运作的基本单位，其主要任务是通过产品的实现或服务的提供获取经济利益。以企业为中心点看，有两个方向不同的潮流支撑着企业的生存与发展。一个是以供应商提供装备、原料、材料、备品、配件等生产所需物资，通过企业的加工、再造，生产出可以满足消费者需要的商品为走向的增值流；另一个则是与之相反的消费者购买商品而支付给企业，企业为生产商品而向供应商购买生产所需物资的资金流。当增值流大于资金流时，企业属于亏本状态；当资金流等于增值流时，企业保持收支平衡，不亏不盈；当资金流大于增值流时，企业盈利。由于企业是经济活动的主体，其必然追求资金流尽可能大，即盈利是企业追求的重要目标。而为了实现这一目标，如何更好地在法规的约束下组织生产、进行管理等，就是企业管理者需要着重思考的内容了。

企业是在共同的目标指导下协同工作完成经济创造的人群社会实体单位，它通过分工合作而协调配合人们的行为。随着工业化的发展，到 19 世纪末 20 世纪初，西方大企业普遍采用的是一种按职能划分部门的纵向一体化职能结构，其特点是企业内部按职能（如生产、销售、开发等）划分成若干部门，各部门独立性很小，企业高层领导直接进行管理，即企业实行集中控制和统一指挥。这种企业结构保持了直线制的集中统一指挥的优点，并吸收了职能制发挥专业管理职能作用的长处，适用于市场稳定、企业组织结构产品品种少、需求价格弹性较大的环境。然而，随着外部环境的变化，如利润下滑、新技术产生、企业规模扩大等，这种企业管理模式的缺陷日渐暴露，行政机构越来越庞大，各部门间的协调越来越难，造成信息和管理成本上升，企业的领导者们陷入日常生产经营活动的圈子，而缺乏精力去为企业长远和战略发展进行思考，于是，变革势在必行。

战略决策和经营决策分离的事业部门型组织结构企业应运而生。根据业务按产品、服务、客户、地区等设立半自主性的经营事业部，公司的战略决策和经营决策由不同的部门和人员负责，使高层领导从繁重的日常经营业务中解脱出来，集中精力致力于企业的长期经营决策，并监督、协调各事业部的活动和评价各部门的绩效。这种企业组织结构形式是一种多单位的企业体制，各个单位不是独立的法人实体，仍然是企业的内部经营机构，如分公司。把职能划分的部门与项目划分的小组结合

起来，使小组成员接受小组和职能部门的双重领导，围绕某项专门任务成立跨职能部门的专门机构。这种组织结构形式是固定的，人员却是变动的，目标是明确的，即是以集中优势攻坚，以期获取利益的最大化，任务完成后人员各归其原岗，如工程项目部。

企业法人是指以营利为目的，独立地从事商品生产和经营活动的社会经济组织，是具有符合国家法律规定的资金数额、企业名称、章程、组织机构、住所等法定条件，能够独立承担民事责任，经主管机关（市场监管部门）核准登记取得法人资格的社会经济组织。在西方某些国家，企业法人就是指股份有限公司和有限责任公司。在我国，除了公司法人外，还有国有企业法人、集体企业法人等差异存在。企业法人与法人企业本质上是指同一个主体，就是公司，不过企业法人的说法侧重法人，而法人企业的说法侧重企业。根据《中华人民共和国民法总则》第五十七条的规定，法人是具有民事权利能力和民事行为能力，依法独立享有民事权利和承担民事义务的组织。这种组织既可以是人的结合团体，也可以是依特殊目的所组织的财产。从根本上讲，法人与其他组织一样，是自然人实现自身特定目标的手段，它们是法律技术的产物，它的存在从根本上减轻了自然人在社会交往中的负担。法律确认法人为民事主体，意在为自然人充分实现自我提供有效的法律工具。

企业法人具有以下特征：

（1）具备企业法人的法定条件，经核准登记成立。

（2）向社会提供产品或服务，并以营利为目的。

（3）依法独立享有民事权利和承担民事义务。

（4）可并购其他法人。

（5）独立承担民事责任。

自 18 世纪后期，有关法人的各种学说在德国法学界渐渐形成并影响了世界，主要有：

（1）以弗里德里希·卡尔·冯·萨维尼为代表的拟制说：法人是一种拟制的人。所谓拟制，即是将原本不符合某种规定的事项或行为也按照该规定处理。

（2）以鲁道夫·冯·耶林为代表的目的财产说：法人是为一定目的而组织的财产，享有法人财产利益的多数人，是实质的主体。

（3）以奥托·弗里德里希·冯·基尔克为代表的实在说：相对于自然人的有机体而言，法人是社会有机体。

设立企业法人的这种独立资格的意义在于：第一，独立于自己的主管部门，企业和主管部门之间是两个完全平等的主体，不是隶属关系，双方只能按照等价有偿自愿互利的原则形成民事法律关系；第二，独立于企业成员，即企业法人与组成企业法人的成员互相分离，各自以自己的名义独立参与民事活动，享受权利和承担义务；第三，独立的财产权利，从而使企业法人能独立地享有民事权利和承担民事义务；第四，独立的财产责任，即企业法人的民事责任以企业自有的财产独立承担，同组成企业法人的成员的财产无关。

三、从管理谈起

所谓管理，是指一定组织中的管理者通过实施计划、组织、领导、协调、控制等职能来协调他人的活动，使他人同自己一起实现既定目标的活动过程。管理是人类各种组织活动中最普通和最重要的一种。

管理活动源远流长，人类进行有效的管理活动已有数千年的历史。我国从春秋战国时期起，就有了国家对产品质量进行检验的年审制度和政府官员质量负责制度。据《周礼·考工记》记载：春秋初，齐、晋、秦、楚等国规定：制造产品，要“取其用，不取其数。”在原材料选择、制造程序、加工方法、质量判定以及检验方法等方面，都要按统一的规定（标准）进行生产，以保证产品“坚好便用。”首先提出质量跟踪负责制对产品质量进行检测监督构想的是战国时期秦国宰相吕不韦，他经过四年多的不懈努力，率先在秦国本土实行了国家于每年10月份由“工

师效工，陈祭器……，必功致为上，物勒工名，以考其诚。工有不当，必行其罪，以究其情”对各郡、县工业产品进行质量抽验的制度。同时，对各郡（省）县制造工业产品用的衡器、容器等，由“大工尹”（相当于今天的机械部长）统一进行年审，凡不符合规定（标准）的不得使用，以保证产品质量能“功致”。

管理学形成后可分为三个阶段，即古典管理理论阶段、现代管理理论阶段和当代管理理论阶段。三个阶段渐次递进，并无明确的时间上的划分节点，是后者借鉴融合前者经验和理念后不断发展和完善的过程。古典管理理论形成于 20 世纪初到 20 世纪 30 年代，主要是系统地研究企业生产过程和行政组织管理，是人类第一次运用科学方法探讨管理问题，其将管理理念、管理方法与管理技术相融合，对企业的管理实践有着重要的指导作用。代表人物为美国人弗雷德里克·温斯洛·泰勒、法国人亨利·法约尔和德国人马克斯·韦伯。这三人从三个不同的角度对管理活动进行了探讨，从而产生了管理学的不同分科。被世界公认为“科学管理之父”的泰勒于 1911 年发表了《科学管理原理》一书。该书中，泰勒提出了科学管理思想应遵循的四条重大管理原则：第一，建立一种严格的方法。对一个工人在工作过程中的各项活动分析出其科学规律，并形成规则，以代替旧的、只凭经验的做法。第二，科学地挑选、培训、教育和发展员工，为实现工作的标准化和差别计件工资制，必须科学挑选工人，保证他们具备与工作相适应的体力和智力上的条件，并给予系统培训，以便有进一步发展的机会，使其能够胜任“最高级、最有兴趣和最有利可图的工作”，从而成为“第一流的工人”。第三，诚恳地与工人合作，以保证一切工作都能够按已发展起来的科学原则办事。第四，工人与管理层之间在工作和责任的份额大致均等，管理层应把适合自己做的工作接收回来。总而言之，泰勒管理理论的主要思想和基本出发点是提高劳动生产效率，内容包括：

（1）使工作方法、劳动工具、工作环境标准化。

（2）确定合理的工作量。

（3）挑选和培训工人，使其掌握标准工作方法。

（4）实行差别工资制。

（5）实行职能工长制。

泰勒的科学管理理论对现代标准化理论的形成和发展奠定了基础并产生了重要作用。

法约尔从过程的视角将管理活动进行分解而形成其理论基础。他认为，管理活动包含计划、组织、指挥、协调、控制五种职能要素。他提出的分工、权利和职责、纪律、统一指挥、统一领导、个人利益服从集体利益、报酬、集中、等级、秩序、公平、人员的稳定、首创精神和人员团结的 14 条管理原则是组织活动一般规律的体现，是人们在管理活动中为达到组织的基本目标而在处理人、财、物和信息等管理基本要素及其相互关系时所遵循和依据的准绳。他认为，企业的全部活动可分为六组：

（1）技术活动：生产、制造、加工过程中的所有技术内容。

（2）商业活动：购买、销售、交换等。

（3）财务活动：筹集（融资）和最适当地利用资本。

（4）安全活动：保护人员的健康和财产不受损失。

（5）会计活动：财产清点、资产负债表、成本、统计等。

（6）管理活动：计划、组织、指挥、协调和控制企业的各种活动，以期完成既定的目标。

法约尔认为这六组活动适用于企业中所有职能人员，而职能特点，包括技术、商业、财务、安全和会计，是相应的下属人员应具备的主要能力（在工业中为技术能力，在商业中为商业能力，在财务中为财务能力，等等），而越到高层领导，管理能力所占比重越大；同时，对不同规模的企业，其领导人必要能力的构成也各有侧重。一般来说，小型工业企业领导人侧重于技术能力，中等企业的领导人对这两种能力的构成大致相等，大型企业管理能力居主导地位，而商业和财务能力对于中小企业领导人比对企业中的中下层工作人员起的作用更多。法约尔在提出

管理人员应具备的能力的同时，还提出了管理人员个人素质的问题。他认为，技术能力、商业能力、财务能力和管理能力等都以以下几方面的素质与知识为基础：

（1）身体：健康、体力旺盛、精力充沛、思维敏捷。

（2）智力：理解能力、学习能力、判断能力强，头脑灵活。

（3）道德：勇于负责任，待人诚实不虚伪，对企业忠诚，有首创精神，有自知之明，自尊、坚强、有毅力。

（4）文化：善于学习，具有不限于从事职能工作范围的各方面知识。

（5）经验：善于从业务实践中获得知识，能够从自己和同事的错误行为中吸取教训并加以改进。

韦伯则着重于行政组织理论的研究，提出了“理想的行政组织体系”理论，认为理想的行政体系应具有以下特点：

（1）明确的组织分工，为实现组织的目标，把组织中的全部活动划分为各种基本的作业，作为公务分配给组织中的各个成员。

（2）自上而下的等级体系，每一职位都有明文规定的权利和义务，形成一个指挥系统或层次体系。

（3）合理地任用人员，根据职务上的要求，人员通过正式考试或教育培训才可上岗。

（4）建立职业的管理人员制度，有固定的薪酬和明确的升迁制度。

（5）建立严格的、不受各种因素影响的规则和纪律，使之不受任何人的感情因素的影响，保证规则在各种情况下都能有效地贯彻执行。

（6）建立理性的行动准则，以理性为指导，没有个人目标，没有仇视、厌恶、偏爱、怜悯、同情，理性地处理人际关系，尽管这种理性带有机械性。

现代管理理论自 20 世纪 40 年代以后发展起来。与前一阶段相比，这一阶段最大的特点就是学派林立，新的管理理论、思想、方法不断涌现。美国著名管理学家哈罗德・孔茨将现代管理理论归纳为 11 个学派之多，即经验主义管理学派、人际关系学派、组织行为学派、社会系统学派、管理科学学派、权变理论学派、决策理论学派、系统管理理论学派、经验主义学派、经理角色学派、经营管理学派等。学派林立的原因除了技术进步、生产社会化等社会、经济背景因素外，还有管理领域复杂性、管理学者知识背景不同、管理实践发展的不同时期以及理论发展规律的影响等重要理论、实践以及研究者个体等方面的因素。现代管理理论的发展还导致产生了一些新的学科，如行为科学理论的形成，对人类社会的发展起到了重要的推动作用。

现代管理理论是由以下因素作用的结果：第一，工业生产的机械化、自动化水平的不断提高以及电子计算机进入工业领域，在工业生产集中化、大型化、标准化的基础上，也出现了工业生产的多样化、小型化、精密化趋势；而工业生产的专业化、联合化不断发展，工业生产对连续性、均衡性的要求提高，市场竞争日趋激烈、变化莫测，即社会化大生产要求管理改变孤立的、单因素的、片面的研究方式，形成全过程、全因素、全方位、全员式的系统化管理。第二，在第二次世界大战期间，交战双方均提出了许多亟待解决的实际问题，如对大批量军火的快速检查问题、运输问题、机场和港口的调度问题等。第三，科学技术发展迅猛，现代科学技术的新成果层出不穷。第四，资本主义生产关系出现了一些新变化。由于工人运动的发展，赤裸裸的剥削方式逐渐被新的、更隐蔽、更巧妙的剥削方式所掩盖，新的剥削方式着重从人的心理需要、感情方面等着手，形成处理人际关系和人的行为问题的管理。第五，管理理论的发展越来越借助于多学科交叉作用，经济学、数学、统计学、社会学、人类学、心理学、法学、计算机科学等各学科的研究成果越来越多地应用于企业管理等。

当代管理理论是自 20 世纪 80 年代开始形成并完善起来的，以日裔美籍管理学家威廉·大内的《Z 理论》、理查德·T.帕斯卡尔和安东尼·G.阿索斯合著的《日本企业管理艺术》、理查德·孔斯的《成功之路》以及特伦斯·E.迪尔的《公司文化》四部著作为代表。这些著作多以日本企业的成长和管理经验为代表进行企业管理理论的分析、概

括、提炼和总结，突破了古典管理理论和现代管理理论的纯理论研究，更加重视个人、文化在企业管理活动中的作用，将心理学、社会学、社会心理学、人类学、经济学、政治学、历史学、法律学、教育学甚或精神病学等学科与管理理论和方法做统一的思考与研究，推动了管理理论研究的深入。运用企业文化理论进行比较管理理论研究，探讨分析内部管理要素的模型，试图为比较研究提供新的科学的分析工具，研究重点也由过去的概念分析为主转向以实践为主。

《Z 理论》的作者大内（日裔作家）认为，任何企业组织都应该对它们内部的结构进行变革，使之既能满足新的竞争性需要，又能满足各个雇员自我利益的需要。该书主要内容概括如下：

（1）畅通的管理体制：管理体制应保证下情充分上达；应让职工参与决策，及时反馈信息，特别是在制定重大决策时，应鼓励第一线的职工提出建议，然后再由上级集中判断。

（2）基层管理者享有充分的权利：基层管理者对基层问题要有充分的处理权，还要有能力协调职工们的思想和见解，发挥大家的积极性，开动脑筋制定出集体的建议方案。

（3）中层管理者起到承上启下的作用：中层管理者要起到统一思想的作用，统一向上报告有关情况，提出自己的建议。

（4）及时整理和改进来自基层的意见：企业要长期雇佣职工，使工人增加安全感和责任心，与企业共荣辱、同命运。

（5）关心员工的福利：管理者要处处关心职工的福利，设法让职工们心情舒畅，制造上下级关系融洽、亲密无间的局面。

（6）创造生动的工作环境：管理者不能仅仅关心生产任务，还必须设法让工人们感到工作不枯燥、不单调。

（7）重视员工的培训：要重视职工的培训工作，注意多方面培养他们的实际能力和成长通道。

（8）职工的考核：考核职工的表现不能过窄，应当全面评定职工各方面的表现，长期坚持下去，作为晋级的依据。

《日本企业管理艺术》为了找出日本在经济上赶上并超过美国的原因，根据麦肯齐 7S 管理框架所说的七个方面，详细对比了日本企业和美国企业在管理上的区别，特别对比了日本松下电器公司及其领导者松下幸之助和美国国际电话电报公司及其领导者哈罗德·吉宁之间的区别，并得出结论："松下公司和国际电话电报公司最主要的区别不是在他们的整体战略上，他们的战略非常相似；也不是在矩阵式的组织结构上，两家的组织结构几乎完全是相同的；真正的区别也不在于制度，至少不在于正式（硬拷贝）的制度，两个公司均有非常详细的计划和财务报表……真正的区别是在其他要素上，即管理作风、人事政策，以及最重要的精神或价值观上。当然，还有管理所有上述这些要素的人的技能。"这个结论，对于以人为中心的国际企业文化潮流的兴起，起到了极大的推动作用。

《成功之路》是美国管理教育组织美国管理协会认定的管理丛书之一。美国管理协会的前身是成立于 1913 年的"全国企业学校协会"，几经变革，1923 年以后改为现名。一个人的成长过程中，客观机遇是一个因素，但更主要的是个人的心理素质、抉择水平和应变能力。该书以个人成长为核心，对一个人的成功进行了深入细致的分析。

文化是相对于政治、经济而言的人类全部精神活动及其产品，是智慧群族的一切群族社会现象与群族内在精神的既有、传承、创造、发展的总和。它涵括智慧群族从过去到未来的历史与发展，是群族基于自然基础上的所有活动内容，是群族所有物质表象与精神内在的整体。企业文化是在一定的条件下，企业生产经营和管理活动中所创造的具有该企业特色的精神财富和物质形态，是一个组织由其价值观、信念、仪式、符号、处事方式等组成的其特有的文化形象。简而言之，企业文化就是企业在日常运行中所表现出的各个方面，包括历史传统、企业愿景、企业精神、价值观念、文化观念、行为准则、企业制度、道德规范、文化环境、企业产品等。其中，价值观是企业文化的核心。企业管理学家特伦斯·E.迪尔和艾伦·A.肯尼迪把企业文化整个理论系统概述为五

个要素，即企业环境、价值观、英雄人物、文化仪式和文化网络。企业文化通常由以下三个层次构成：

（1）核心层的精神文化，称为“企业软文化”，包括各种行为规范、价值观念、群体意识、职工素质和优良传统等，是企业文化的核心，被称为企业精神。

（2）中间层次的制度文化，包括领导体制、人际关系以及各项标准、规章制度和要求等。

（3）表面层的物质文化，称为企业的“硬文化”，包括厂容厂貌、机械设备、产品造型、外观、质量等。

企业文化的本质是通过企业制度的严格执行衍生而成，制度上的强制或激励最终促使群体产生某一行为自觉，这一群体的行为自觉便组成了企业文化。

无论是古代的早期管理思想的形成，还是随着工业革命而发展起来的古典管理理论、现代管理理论、当代管理理论，都有一个重要的并且是一致的内容，即标准化的支撑。可见，标准化是管理科学中一个重要而必不可少的内容。下面谈谈企业管理的标准化。

四、谈谈企业标准化

企业是标准化工作的最初出发地。企业在组织生产、进行管理、开展经营时为使设计、生产、工艺、实验、检验、产品和服务等统一而规范，提出标准化的需求，开展标准的研究和编制。企业也是标准化工作的最终落脚点。标准必须与企业的生产实践相结合方能发挥其应有的作用，也只有通过在生产实践中应用，才能检验标准的有效性、可操作性和其应具有的指导作用，通过实践的检验和总结，对标准进行改进、完善，从而使标准物尽其用并持续提升。

谈到企业的科学管理，最要谈的似乎就是标准化。这从现代标准化发展的百多年历史给我们带来的启迪和实践的证明。标准化活动是企业科学管理重要的基础工作，它在建立企业良好的生产、工作（包括安全）秩序，提高效率，降低成本，提高企业效益，促进相互协作和协调发展等诸多方面都有着不可替代的作用。开展企业标准化活动并非仅仅局限在“标准”二字上，包括诸如作业指导书、办法、手册、制度等各种约束性的标准化文件。实际上，标准只是外在的表现形式，而标准化实际是追求一种“规则”意识，让人们通过标准化活动形成一种尊重规则、遵守规则的习惯和文化，这是需要经过长期的学习、训练甚至突破以往认知的过程。前文提到中国传统文化是“纲常”文化，几千年的传承，让我们不自觉地在日常行为中“规则”感不强甚至欠缺，纠正这种偏颇在思想认识上形成全社会的广泛共识，尚需要一个长期的过程。

如今，在工业化、信息化的大潮冲击下，在世界融合的大环境下，依循规则做事不仅给我们带来了便利，更可以保护我们不受到损害。就此而言，开展企业标准化建设也是一个最简易便行的捷径，员工通过对规则（标准）的严格执行，形成一种自觉意识：尊重和遵守规则，并带到日常行为中，从而促进社会的进步与发展。多年前，笔者曾因公和美国杜邦公司的一位朋友一同出差，和那位朋友一起入住宾馆后，朋友的第一项活动是检查宾馆的安全设施、逃生通道等，并做记录。我问：“为何如此”，对方回答：“公司有要求，已成习惯”。此一小事，记忆深刻并每有机会常与人道。

成立于 1804 年的杜邦公司以制造火药起家，如今已经发展成世界数一数二的化工企业，200 多年的发展和成长过程中从未发生过重大安全事故，与其安全理念的教育以及全体员工自觉遵守公司要求的做法密不可分。杜邦公司坚持把安全作为其核心价值观之一，团队中的每个成员都拥有个人安全价值，都必须对自己和同事的安全负责；同时，领导通过关心每一位员工，建立相互尊重、彼此依赖的关系，为安全管理奠定坚实的基础。杜邦公司安全原则可具体归纳为：

（1）各级管理层对各自管辖的安全负有直接责任，这是领导的责任。

（2）安全是被雇佣的首个条件，员工必须接受严格的安全培训，这是上岗条件。

（3）各级主管必须进行安全审核，发现的安全隐患必须及时改正，这是具体措施。

（4）所有安全事故是可以预防的，所有安全操作隐患是可以控制的，这是广泛的认知。

（5）工作以外的安全和工作中的安全同样重要，这是要求。

（6）员工的直接参与是关键，良好的安全创造良好的业绩，这是共识。

杜邦公司还将以上原则具体化、标准化，使之形成员工必须遵行的公司准则（企业标准），在雇员进入公司之前和在公司工作的过程中反复强调，使之成为所有员工一种自觉的习惯。杜邦公司的这些做法是保证其200多年持续发展而无事故的关键，值得推广并让每一个企业效仿、学习。

企业标准化工作应从理念入手，让员工形成习惯，其开展方法可以简要概括为以下过程：

（1）有无规则：对现有标准化文件（标准、办法、制度）等进行梳理分析、查漏补缺，确保各项工作均有所依据。

（2）可否操作：现行的标准化文件操作性如何，能否指导实际工作需要在实际工作中进行判定和验证，并及时调整、修改、完善。

（3）事前训练：标准化文件应在实施之前进行学习、培训，必要时，对文件实施所要求的客观条件进行人、财、物的支持与配合。

（4）事中释疑：在执行过程中对出现的疑问进行解答、说明，保证执行的准确与不折不扣，达到理想的效果。

（5）事后回馈：对执行的标准化文件中存在的问题进行收集、汇总、分析和改进，促进其不断地完善。

（6）流程衔接：这里所指既是标准化文件与现实生产实践的衔接，也是对其在执行过程中实际操作流程的衔接。

（7）领导作用：领导的重视程度和决心是一项工作能否持久推动下去的关键，在标准化活动中，领导的表率作用尤为重要。

（8）全员参与：标准化工作是涉及企业每一位员工的活动，全体员工的标准化意识是企业标准化工作深入开展的关键。

（9）持续改进：权变理论中有个经典的说法——“世上唯一不变的就是变，应据当前实际情况，顺势应变。”标准化是一个不断完善的过程，人类对客观世界的认知是一个渐进的过程，随着科学技术的发展、管理手段的变革、人员能力的提升，标准化工作不可能一成不变和僵化，需要不断地完善和提升，方可适应新形势。

（10）全面提升：通过大家对规则的尊重与遵守，形成人人做事依规守矩的氛围，工作安全、交流顺畅、环境美好、心情愉快。

GB/T 35778—2017《企业标准化工作　指南》就企业如何开展和推进标准化工作给出了以下 7 项基本原则的指导性建议：

（1）需求导向：企业标准化工作以满足企业发展战略、相关方需求、市场竞争和生产、经营、管理、技术进步等为导向组织开展。

（2）合规性：符合国家有关法律法规、政策和相关标准。

（3）系统性：权衡、协调各方关系，关注企业外部标准化活动并适时调整、优化企业内部标准化规划、计划及标准体系，确保标准化工作协调有序推进。

（4）适用性：标准化工作方针与目标符合企业经营方针、目标，服务于企业发展战略；标准化工作指向清晰、目的明确；标准体系满足需求，标准有效，便于实施。

（5）效能性：以实现企业生产、经营和管理目标为驱动，对企业经营效益、员工工作绩效等，实行可量化、可考核的标准化管理，达到预期效果。

（6）全员参与：围绕企业发展战略和标准化工作方针、目标，健全组织，周密计划，开展标准化宣传、培训，营造领导带头、全员参与的标准化工作氛围，提高自觉执行标准的素养。

（7）持续改进：遵循“策划 P—实施 D—检查 C—处置 A”的循环管理方法，策划企业标准化工作，运行企业标准体系和实施标准，适时评价企业标准体系运行效果，检查的标准适用性，针对问题查找原因，及时采取改进和预防措施，并根据市场与需求变化，对风险和机遇作出反应，提出应对措施予以实施和验证；将改进、预防、应对措施的经验或科技成果制（修）订成标准，纳入企业标准体系。

前面提到，企业是一个经济组织，是以经济利益为立身之本的组织。由此，企业在生产实践过程中获得丰厚的经济效益是其追求的重要目标。而为获得经济效益，企业的产品满足相应的技术标准是先决条件。技术标准是面向消费者的，消费者通过产品与技术标准的比对，判定产品是否满足相应的要求，从而确定其消费的可能。例如，去配制一副眼镜，一般过程是：眼镜店首先是对客户的眼睛进行实测，以判定其双眼的屈光度、瞳距等视力的基本情况；根据测定的数据（技术标准的具体指标）交与厂家制作眼镜，客户也依此技术标准的具体指标对眼镜进行校验（更常见的方法是试戴而无不良反应）。此外，眼镜店将测定的数据提交给眼镜的制作厂家，制作厂根据数据以及客户提出的其他要求，诸如镜框的形式、材质等购置原料、材料、配件等，进行镜片的磨制、装配、检验、包装等。而厂家为了制作消费者满意的合格产品，从原料、材料、配件的购置，到制作过程中的设备、工艺、检验方法等，均需有相应的技术标准相配套方可完成，从而需要有一整套相互关联、相互衔接、相互配合的技术标准，由此技术标准体系产生，并且成为企业标准体系的核心内容。当然，现实生活中，眼镜店和眼镜厂家常常是合二为一，前者提供服务，后者提供产品；而且后者常常是根据市场调研等进行镜框式样的流行趋势分析，制作出定型的样品供消费者选择。这样既可以满足客户需求，又能减少不必要的浪费，而这当然是需要事先确定出相应标准的。

上例中，眼镜制作厂家为了生产出满足消费者需求的产品，需要购置原材料、配件等，对购置入库的原材料进行登记、核对、存贮、领用、盘点等活动，对生产装备（如切割、打磨设备等）进行必要的调试、维护、检修等，根据客户需求制作具体的眼镜，并在事先约定的时间期限内交付给眼镜店（客户）合格的产品，而这一切过程都需要有相应的管理规则进行有条不紊的对接，为将客户满意的产品交予消费者提供保障。上述管理活动因其与产品提供有着直接而紧密的联系，其所确定的相关管理规则（标准）便被称为产品（服务）提供管理标准。另一方面，企业在发展过程中还需要有另一类管理标准化文件的支撑，这类文件用以保障企业的持续健康有序发展，诸如人力资源的管理——选聘人员、进行劳动组织安排、人员的培训与培养、发放薪酬和奖励、社会保险的统筹乃至员工退职等；财务的管理——计划、预算、筹措、融资、使用、核算、税务、决算、审计等；物资的管理——计划、招标、采购、验收、保存、领用、报废等；行政后勤管理——会议、接待、档案、收（发）文、督办、车辆、办公用品工作场所卫生、美化等；基本保障管理——安全、环境、能源、信息等；而一个企业不可能完全独立地存在于世界，其必会与社会各相关方进行业务上的交流与合作，由此而产生合同的签订、纠纷的处置等法务工作。上述林林总总构成了企业基础保障类的管理标准。无论围绕着产品生产过程展开的产品实现管理标准，抑或维系组织发展的基础保障管理标准，其共同的特点是针对企业在生产、经营和管理活动中重复发生的过程和事项进行的约定，提出需要员工共同遵守的要求，使企业各项活动均有所依据。

然而，在企业的各类活动中，仅凭技术标准和管理标准的约定还显欠缺，因为所有活动均需由人完成实施，因而对人的行为进行约定的岗位标准由此产生。岗位是组织要求个体完成的一项或多项责任以及为此赋予个体的权利的总和，是将岗位的任务、职责和责任组为一体，由个人所从事的工作。在企业里，可能有多人共同担任同一岗位的现象，也可能有一个人任职多岗位的情况存在。岗位标准是“为实现基础保障标准体系和产品实现标准体系有效落地所执行的，以岗位作业为组成要素标准化文件”，是针对人的工作和岗位职责进行的约定，包括具体工作

岗位的职责、权限、上岗条件、工作内容及其要求、检查与考核等。岗位标准的核心是该岗位的工作内容及要求，它所遵循的原则和要求是源于与产品实现紧密相关的，由技术（管理）标准和与组织发展相关的基础保障标准的要求。

在编制和实施岗位标准时，应对员工的基本需求有所关注。美国行为科学家麦格雷戈于 1957 年在其发表的《企业中人的方面》一文中提出了行为科学的 X–Y 理论。X 理论假设人的本性是懒惰的，工作越少越好，对组织的目标漠不关心，因此管理者需要以强迫、威胁处罚和金钱利益等诱因激发人们的工作源动力；Y 理论与之对应，假设人们即使没有外界的压力和处罚的威胁，也不抗拒工作，具有自我调节和自我监督的能力，有极高的意愿为集体的目标而努力，在工作上会尽最大的努力，充分发挥其创造力和才智，会自觉遵守规定，不仅愿意接受工作上的责任，并会寻求更大的责任，有相当高的创新能力去解决问题。在实际中，X 理论和 Y 理论各有偏颇，所以有前文提到的威廉·大内在进一步深入研究后提出的 Z 理论。大内先生在比较了日本企业和美国企业不同的管理特点之后，参照 X 理论和 Y 理论，提出了强调管理中注重文化特性的 Z 理论，认为人们的交往由信任、微妙性和亲密性组成。企业的管理者要对员工信任，信任可以激励员工以真诚的态度对待企业、对待同事，为企业忠心耿耿地工作；微妙性是指企业对员工的不同个性和能力的了解，以便根据各自的个性和特长确定其所在的岗位，组成最佳搭档或团队，增强劳动效率；亲密性是强调个人感情的作用，提倡在员工之间应建立一种亲密和谐的伙伴关系，为了企业的目标而共同努力。

美国哲学家、人本主义心理学家亚伯拉罕·哈洛德·马斯洛在其 1943 年发表的著作《动机论》中提出，人的需要可以分为五个层次，依次是生理需要、安全需要、社交需要（包含爱与被爱、归属与领导）、尊重需要和自我实现的需要。以后又增加了认知需要和审美需要，由此构成人的七项基本需求。

（1）生理需要：人类最原始、最基本的需要，如喝水、吃饭、穿衣、居住、医疗等，它是人类生存最基本、最底层的需要，也是推动人们行动的强大动力。

（2）安全需要：生活稳定、免于灾难、劳动安全、职业安全等的需要，比生理需要较高一级，每一个现实中生活的人都会产生安全、自由的欲望。

（3）社交需要：也称归属与爱的需要，是指个人渴望得到家庭、朋友、同事、团体的关怀、爱护和理解，是对爱情、友情、信任、温暖的需要。社交需要比生理需要和安全需要更细微，它与个人性格、经历、生活区域、民族、生活习惯、宗教信仰等都有一定的关系。

（4）尊重需要：可分为自尊、他尊和权力欲三类，包括自我尊重、自我评价及尊重别人。尊重的需要很少能够得到完全的满足，但基本上的满足就可产生推动力。

（5）认知需要：又称认知与理解的需要，是指个人对自身和周围世界的探索、理解及解决疑难问题的需要，是克服阻碍的工具。当认知需要受挫时，其他需要能否得到满足也会受到威胁。

（6）审美需要：对周围美好事物的追求和欣赏的需要，爱美之心，人皆有之。

（7）自我实现需要：最高等级的需要，是一种创造的需要。有自我实现需要的人，往往会竭尽所能使自己趋于完美，实现自己的理想和目标，获得成就感。

标准化在人类认识世界、改造世界的过程中，经历了一个从最初的感性认识上升到理性认识的过程，并在这一过程中不断总结和发展。企业开展标准化工作最为重要的内容是标准的实施。实施标准的前提是对标准的要求无偏差的学习和理解。做好标准实施的准备工作包括但不限于：

（1）人员的培训，使标准执行者对标准内容与要求有深刻的认知与理解。

（2）环境的改进，使标准执行的环境符合标准的要求。

（3）资金的支持，为人员培训、环境改进和工具、设备的引进等提供的资金准备与支持。

企业开展标准化活动是一项复杂的系统性工程，每项标准能不折不扣地执行，需要企业中相应组织（管理部门、执行单位）深入和不断跟进，提供与标准执行相符合与相适应的条件，并在标准执行过程中不断发现问题、解决问题，由此要求企业在推动标准化文件的实施与标准体系的建立与运行时，应充分注意将现代行为科学理念与企业管理相结合，关注员工的整体需求，与企业文化相融合，培养尊重规则、遵守规则的氛围，形成一种自觉执行标准的行为，持之以恒、持续推进并不断改进和完善。

标准编制完成的实施和标准体系建设完成后运行的检验是标准化工作的另一项重要内容，这一工作使得标准化活动形成闭环。标准编制的好坏与标准体系是否适宜可以通过检验得到验证，从而不断总结提升。对标准中所确定的要求，通过测量、检查、试验等活动所得出的结果与实际情况进行符合性的比较，以确定每项性能和指标是否符合客观实际，是为对标准的检验。毛泽东主席《在延安文艺座谈会上的讲话》中指出："社会实践及其效果是检验主观愿望或动机的标准。"这句话深刻地揭示出"纸上得来终觉浅、绝知此事要躬行"的哲理。标准编制人员主观愿望通过在标准中给定的指标和要求得以实现，但其要求妥否尚需通过在生产过程中的实践检验方能对其效果进行评判。东汉时期的思想家王充也曾说过："言之有头足，故人信其说；明事以验证，故人然其文。"由此，标准编制或体系构建完成只是标准化工作的一个阶段，还需要标准实施与体系运行进行实践的检验。

标准体系的评价（认证）是指对标准体系构建是否合理、运行是否有效进行判断、分析并得出结论的确认过程。企业根据实际可以采用自我（第一方）评价、消费者（第二方）评价和邀请专业机构（第三方）评价的方式开展。第三方评价也称认证。根据评价目的、针对性的不同，标准体系的评价有多种方式和形式。体系认证的标准化活动可以追溯到 1906 年成立的国际电工委员会（IEC）在电子领域的开展，其后国家标准化组织（ISA）成立后在机械工程方面也有所作为，但由于世界大战等原因一度终止。

在我国，常见的标准体系认证有：ISO 9001 质量管理体系认证、ISO 14000 环境质量管理体系认证、ISO 45001 职业健康安全管理体系认证、SA 8000 社会责任管理体系认证、QC 08000 危险物品进程管理系统要求、ISO/PAS 28000 供应链安全管理（反恐认证）、ISO 22000 与 HACCP 食品卫生安全管理体系认证等，也有可能是对几个体系联合进行整合的体系认证活动。体系认证的前提是企业要根据自身实际，建立健全适宜的体系，而体系中的元素多以标准化文件的形式表现。体系认证通常不是强制性的，企业可以根据实际需要选择和开展。通过对国际上几十年开展标准体系评价工作的总结与提炼可以看到，每个针对不同目的的标准体系建设都有其重点的关注内容，从而有针对性地解决组织（企业）内某一特定方面的问题，如质量管理体系的对象是顾客的满意、环境管理体系的对象是符合社会和相关方的要求、职业安全健康的对象是对员工的负责等，但各不同标准体系的构建有其基本的共同特点：

（1）都对组织的最高管理者提出建立、保持和实施管理体系的要求。

（2）体系的构建都应满足组织的总方针和目标。

（3）标准体系的构建都以过程作为切入点。

（4）体系的原理都采用 P—D—C—A 循环。

（5）需要全员共同的参与。

（6）通过体系的运行、自查、评价实现持续改进。

（7）都提出了遵守法规和其他要求的承诺等。

“标准化良好行为”企业不同于上述管理体系建设的一个主要差异是针对企业管理活动的全部内容展开。我国开展“标准化良好行为”企业评价工作是自 2004 年开始的，其前身可追溯到 20 世纪 90 年代中期。彼时，众多企业在改革开放的浪潮推动和市场经济的冲击下，已经开始认识到标准化给企业生产经营管理活动带来的益处，开始寻求通过标准

化活动的开展为企业增加效益。国家适时推出《企业标准体系》建设的系列标准，指导企业开展标准化建设工作，共有 GB/T 15496—1995《企业标准化工作指南》、GB/T 15497—1995《企业标准体系 技术标准体系的构成和要求》和 GB/T 15498《企业标准体系 管理标准工作标准体系的构成和要求》三项标准构成了该系列国家标准的主体，同时在全国依据该系列国家标准要求展开了标准体系评价工作，评价的结论分为三级。2003 年，《企业标准体系》系列国家标准进行修订后再次颁布实施。修订后的系列国家标准做了相应调整，形成 GB/T 15496—2003《企业标准体系 要求》、GB/T 15497—2003《企业标准体系 技术标准体系》、GB/T 15498—2003《企业标准体系 管理标准和工作标准体系》和 GB/T 19273—2003《企业标准体系 评价与改进》四项标准的体例架构，使企业标准化活动形成闭环。并在此时，将通过标准体系评价工作改为“标准化良好行为”企业确认，通过确认的企业为“标准化良好行为”企业，评价的结论也由原三个层级变更为 A、AA、AAA 和 AAAA 四个级别。该系列国家标准实施 10 年后，于 2014 年第二次提出修订，修订后的标准于 2017 年发布、2018 年实施。由 GB/T 35778—2017《企业标准化工作 指南》、GB/T 15496—2017《企业标准体系 要求》、GB/T 15497—2017《企业标准体系 产品实现》、GB/T 15498—2017《企业标准体系 基础保障》和 GB/T 19273—2017《企业标准化工作 评价与改进》五项标准构成系列，评价的结果也与其他社会通行的评级（如星级酒店、景区等）保持一致而调整为五个级别。“标准化良好行为”企业的评价就是依据这套国家标准，针对企业是否按照相关要求并结合自身情况的实际，开展了标准化组织的建设、文件和流程的梳理与整合、标准化文件的修编与实施、体系的建立与运行等一系列过程进行判定并最终通过检验，获得适宜的评价与级别确认的活动。我国电力行业在开展“标准化良好行为”企业的评价活动时，是以该系列国家标准为基础和参照，根据电力工业生产活动的特点，做了相应的调整，形成电力行业自己的要求。目前，电力行业开展“标准化良好行为”企业创建和评价工作的依据性文件主要是以下标准：

（1）GB/T 35778—2017《企业标准化工作　指南》——企业开展标准化建设工作的指南性文件。

（2）DL/T 485—2018《电力企业标准体系编制导则》——电力企业标准体系建设的指导性文件。为方便不同类别的电力企业构建适宜的标准体系，该标准将电力企业划分为设计、施工、发电、电网、科研五种类型，给出了供参考的第一个层级的体系框架。

（3）DL/T 800—2018《电力企业标准编制导则》——指导电力企业编写标准的指导性文件。

（4）T/CEC 181—2018《电力企业标准化工作　评价与改进》——开展电力企业“标准化良好行为”评价工作和指导企业进行体系改进的指南性文件。该标准代替了原国家标准化管理委员会和国家电力监管委员会联合印发的《电力企业标准化良好行为试点及确认工作实施细则》（国标委服务联〔2008〕76号），与国家标准要求相对接，突出电力企业标准化建设活动与生产实际相结合的总要求，该标准在针对标准体系建设的同时，更向标准的实施方向倾斜，从而以促进企业标准化活动的开展与企业生产、经营、管理活动的有效对接。

企业管理者应充分认识到，开展企业标准化活动是一项长期的工作，不可能一蹴而就，尤其不能把标准化作为一项运动，今天通过了评价，明天就不再提了。如此，标准化只能作为一个口号，而不能发挥其真正的效用。把人的因素作为首要因素，强调以人为中心的作用，培养人们自觉遵守规则的习惯是推动标准化工作的重要方法。须知，一种方法、一种模式不可能解决所有问题。一个有效的战略体系、一个优秀的文化体系、一个运转有序的组织管理体系，都不是在短时间内可以形成的，最初的设计固然重要，但更重要的是依赖于企业长期且持续的规范管理、制度沉淀，以及循序渐进的改善；依赖于管理层、部门及各岗位之间的相互交流与磨合，方可达到为了共同目标而高度地统一。

伴随人类演变和历史发展而来的追求协调统一的理想，必将会长期

持续地与社会发展共存，现代社会复杂多变、全球融合的特点，使得标准（规则）越来越不可或缺。任何事物皆有其生成的原因和发展的脉络，了解这些可以让我们更加清楚地认识自己，也更加理智地看待世界。标准化是一条不竭的河流，它将随着世界潮流，浩浩汤汤一路奔腾向前。

英国哲学家伯特兰·阿瑟·威廉·罗素曾经说过："须知参差多态，乃是幸福的本源。"这又从另一个角度告知我们世界的复杂性、多样性，这却是标准化需要不断创新的动力源泉。

清代学者章学诚曾提出"辨章学术，考镜源流"，意为按照科学、系统、辩证的原则对研究对象进行分析、归纳，得出最为适宜恰当的结论。这是对学术研究的高度总结与概括，也是标准化工作的一面镜子。

参　考　文　献

［1］宋国建，周立军，安华娟. 企业标准化. 北京：中国标准出版社，2019.

［2］赵祖明. 多体系文件融合方略：ISO 9000 等标准与企业标准应用融合论. 3 版. 北京：中国质检出版社，中国标准出版社，2012.

［3］中国电力百科全书. 2 版. 北京：中国电力出版社，2004.

［4］斯蒂芬·P. 罗宾斯，玛丽·库尔特. 管理学. 11 版. 北京：中国人民大学出版社，2012.

［5］鲁斯·本尼迪克特. 菊花与刀. 北京：中国社会科学出版社，2008.

［6］中国标准化研究院，中国标准化发展研究丛书编辑委员会. 国内外标准化现状及发展趋势研究. 北京：中国标准出版社，2007.

［7］洪生伟. 标准化工程. 北京：中国标准出版社，2008.

［8］中国电力企业联合会标准化管理中心. 电力企业标准化工作指南. 北京：中国电力出版社，2019.

［9］易中天. 易中天中华史. 杭州：浙江文化出版社，2019.

［10］李晓鹏. 从黄河文明到“一带一路”. 北京：中国发展出版社，2016.

［11］海斯·穆恩，韦兰. 全球通史. 南昌：江西教育出版社，2015.